P E R S É V É R A N C E

14, boulevard de la Madeleine
CS 62204
75373 Paris Cedex 08
www.michel-lafon.com

JEAN-LOUIS ÉTIENNE
PHOTOGRAPHIES DE FRANCIS LATREILLE

PERSÉVÉRANCE

UN VOILIER POUR L'AVENIR DE LA PLANÈTE

Michel LAFON

Persévérance, le vaisseau d'une trajectoire

Plus qu'un navire, *Persévérance* est une devise, l'incarnation d'un long parcours d'aventures, l'opiniâtreté au service d'une passion : explorer, comprendre, partager. Pour avoir maintes fois résisté aux tentations de l'abandon, je sais que la persévérance est rédemptrice, elle conduit à recentrer ses forces, à l'hyperprésence, à découvrir un terrain personnel encore insoupçonné de soi, à inventer sa vie.

Digne des épopées de Jules Verne, *Persévérance* est un vaisseau conteur d'histoires, un lien pédagogique entre les sciences de l'océan et le monde. Pour adhérer, la jeunesse et le public ont besoin de rêves, de modèles d'audaces, de croire en ses ambitions pour s'engager sur l'appel de ses envies. Incarner son projet pour convaincre, jusqu'à traduire sa passion en incontournable appel de fonds. L'expédition est la récompense d'un engagement constant. Tenir malgré les doutes, les remises en question. Le découragement est un test permanent à franchir, sinon rien de grand de sa vie ne se réalise. *Persévérance* est de cette trempe.

Dr. Jean-Louis Etienne

INTRODUCTION

Deux grands océans polaires jouent un rôle majeur dans la régulation du climat de la Terre, au nord l'océan Arctique et au sud l'océan Austral. Après avoir fait plusieurs expéditions à vocation scientifique et pédagogique sur la banquise du pôle Nord, mon attention s'est portée sur l'exploration de l'immense océan qui entoure le continent Antarctique. La surface de cet océan est animée par de forts vents d'ouest qui entraîne le courant circumpolaire, le plus puissant de la planète. Circulant dans le sens des aiguilles d'une montre autour de l'Antarctique, il est cinq fois plus puissant que le Gulf Stream et il a un débit égal à plus de 100 fois celui du fleuve Amazone. Les marins ont nommé ces latitudes les « quarantièmes rugissants » et les « cinquantièmes hurlants ». Loin des routes maritimes, ces hautes latitudes maritimes sont difficiles d'accès et donc peu fréquentées. Les campagnes océanographiques y sont rares et ne se font qu'en été, si bien que l'océan Austral est encore très mal connu. Pour l'explorer, le bureau d'architecture navale Ship-ST a conçu le *Polar POD*, un navire vertical de cent mètres de hauteur capable d'affronter cet océan de tempêtes.

Séduite par cette exceptionnelle opportunité, la communauté scientifique internationale a très vite adhéré, jusqu'à demander que nous fassions deux circumnavigations polaires, ce qui devrait prendre trois années à la vitesse du courant. Une question majeure s'est alors posée : comment assurer les approvisionnements et les relèves d'un équipage de huit personnes en pleine mer tous les deux mois ? C'est ainsi que *Persévérance*, un voilier à toute épreuve, a émergé de nos réflexions. Il fallait un navire taillé pour le gros temps avec un pavois protecteur, cette partie de la coque qui s'élève au-dessus du pont, notamment au niveau de la plage arrière qui est la zone de travail. Sa solide structure permet aussi de se frayer un chemin dans des aires de banquise fracturée sans le risque de percer la coque et d'assurer ainsi son potentiel polaire.

Dans le contexte actuel où le transport maritime est en pleine mutation avec l'objectif majeur de décarbonisation, nous avons fait le choix d'un navire à faible impact environnemental. *Persévérance* est une goélette de 42 mètres à propulsion vélique suppléée par une motorisation classée IMO3, c'est-à-dire que le traitement à l'urée des échappements capture 90 % des émissions de dioxyde d'azote.

Si *Persévérance* est le vaisseau accompagnateur du *Polar POD*, c'est aussi un navire de recherche. On bénéficie aujourd'hui de l'installation de nombreux capteurs scientifiques de plus en plus performants, en précision, en volume, en consommation énergétique, qui émettent automatiquement les données en continu. Certes, on ne peut assumer des logistiques lourdes comme le feraient de plus gros navires de recherche, cependant, le potentiel scientifique de *Persévérance* est déjà considérable. Étant donné l'étendue des navigations et l'étude de zones rarement fréquentées, *Persévérance* apporte une contribution majeure au suivi des océans.

Alerter, informer sur les mesures urgentes à prendre pour la « santé » de l'océan, cela passe par la médiation pédagogique et le partage en temps réel de la recherche, des données et des observations faites en mer. *Persévérance* veut être un repère, une force d'attractivité pour faire de chaque citoyen un acteur de la solution aux questions environnementales qui affectent la vie de l'océan à l'échelle mondiale.

PERSEVERA

NCE

POLARPOD
cegid
HUBLOT
TCL
MACIF
accenture
International
EDF
MERSEN
PERSEVERANCE
POLARPOD

SOMMAIRE

01 40 ANS D'EXPÉDITIONS 12

02 *PERSÉVÉRANCE* : UN GRAND VOILIER OCÉANOGRAPHIQUE 64

03 LES EXPÉDITIONS DE *PERSÉVÉRANCE* 98

04 OBJECTIF *POLAR POD* 144

LE CHOIX DE L'AVENTURE

40 ANS D'EXPÉDITIONS

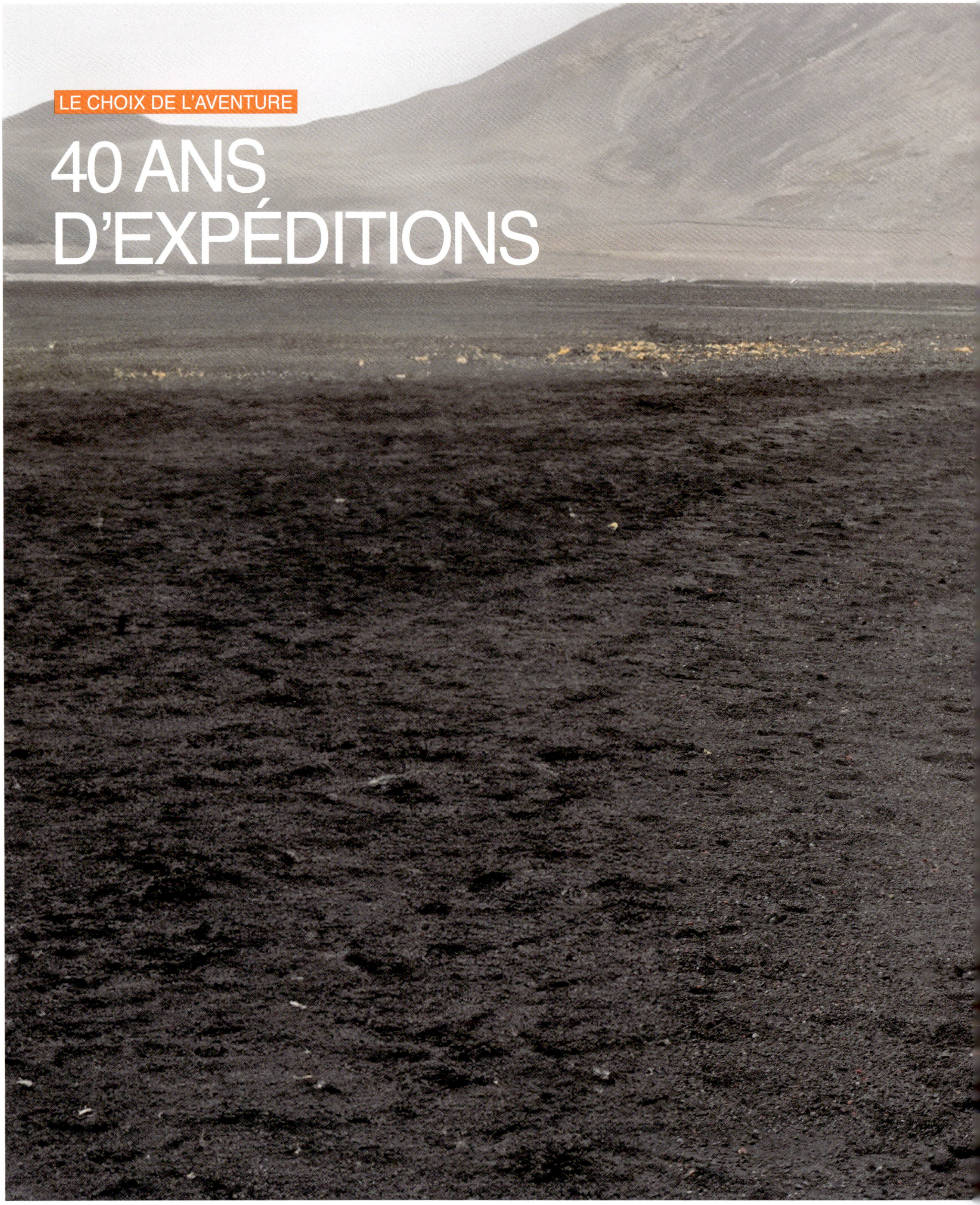

L'APPEL DE LA MER (1976)

J'ai grandi à la campagne, dans un village du Tarn, un département agricole loin de la mer et des montagnes. J'aimais vivre dehors et la nature était mon refuge où j'imaginais toutes sortes d'aventures. La mer n'était pas dans le catalogue de mes pensées, je me nourrissais des récits de montagne de Frison-Roche, *La Grande Crevasse*, *Premier de cordée*, et des *Conquérants de l'inutile* de Lionel Terray. Je voulais vivre à la montagne, et après le certificat d'études primaires j'avais écrit une lettre au maire de Gavarnie, un village au cœur des Pyrénées, lui demandant s'il n'aurait pas un travail pour moi. Il m'avait répondu, me conseillant de le recontacter quand j'aurais un métier. J'entrai donc en formation professionnelle. Le travail manuel a toujours été dans mes cordes ; j'ai fabriqué ma première guitare pour chanter avec mes amis, une luge pour les jours de neige, des traîneaux sur roulements à billes pour dévaler les pentes. Et combien de fois ai-je démonté et remonté la vieille mobylette de mon père ? Cette appétence manuelle m'a toujours protégé de la crainte de ne plus pouvoir subvenir à mon existence, confiant que je pourrais, en toutes circonstances, construire un toit, élever des poules et cultiver un jardin.

Au collège technique, à mon grand regret, il n'y avait pas de place en menuiserie-charpente et j'ai été inscrit dans la section tourneur-fraiseur. On travaillait quarante heures par semaine, dont seize étaient consacrées à l'atelier, au dessin industriel, à la technologie de construction et des matériaux… Je me découvrais un goût pour les mathématiques, si bien que ma professeure, Mlle Pujol, m'orienta vers le baccalauréat. Qu'allais-je faire avec ce sésame inattendu ? Ingénieur ? architecte ? Je décidais de faire médecine par goût pour les sciences naturelles et l'envie d'une implication sociale. À l'hôpital, je me rapprochai instinctivement des blocs opératoires. Je retrouvais le goût du travail manuel en médecine.

Au cours de l'internat en chirurgie, où la passion nourrissante laissait libre cours à l'épanouissement, l'attrait pour la montagne refit surface. J'adhérai au Club alpin français et profitais des week-ends où je n'étais pas de garde pour aller grimper dans les Pyrénées. Renaissance de rêves d'aventures conservés intacts dans le placard des mémoires de l'enfance ? Mais j'arrivais à la limite de l'âge du sursis accordé aux étudiants en médecine pour faire le service national obligatoire. Je choisis le poste de médecin aspirant de la

« JE PENSAIS QUE MA VIE MARITIME S'ARRÊTERAIT LÀ. »

marine marchande aux Affaires maritimes de Marseille. Deux ou trois fois par mois, j'accompagnais l'administrateur pour des visites techniques de bateaux. Au cours d'une matinée, je reçus l'équipage du *Rara Avis*, le bateau du père Jaouen, avec qui je liai des relations amicales. Il embarquait des jeunes en réinsertion volontaire, des toxicomanes, des sortis de prison repentis, auxquels il proposait l'opportunité d'une rupture, de renouer avec une vie active au grand air, loin des tentations. Il prenait toujours un médecin à bord et il me proposa d'embarquer sur le *Bel Espoir*, son bateau mythique, pour sa prochaine traversée de l'Atlantique.

Après trois jours d'agonie sur un golfe de Gascogne agité, en proie à un mal de mer mortifère, je pensais que ma vie maritime s'arrêterait là. Mais après ce bizutage sévère, je me fondis au fil des milles dans la vie du bord, prenant mes heures de quart et de barre, participant aux manœuvres de voile et aux travaux d'entretien permanent sur ce vieux gréement. En 1976, il n'y avait pas de GPS, j'appris à faire le point au sextant ; il n'y avait pas non plus de téléphone et je devins radio du bord. De cette immersion transatlantique, je revins convaincu que l'immense océan pourrait devenir mon prochain espace de liberté.

En février 1977, je reçus dans ma boîte aux lettres un courrier qui changea ma vie : « Je vous propose un embarquement sur *Pen Duick VI* pour rejoindre la course autour du monde en Nouvelle-Zélande. » Il était signé Éric Tabarly... Le navigateur me donnait la possibilité d'entrer par la grande porte de la course au large, une immersion intensive dans ce milieu duquel je ne connaissais rien. Titouan Lamazou, un Béarnais tout de suite en sympathie avec mon accent du Sud-Ouest, me donna une première tâche qui était dans mes cordes : « Mets-toi au moulin à café et tourne quand on te le dit. » C'est ainsi qu'au fil des milles et des jours j'appris à devenir un équipier à part entière, au-delà du rôle de médecin pour lequel Éric Tabarly m'avait recruté. Je jouissais d'être en mer, loin des contraintes du monde. Le large libérait mes pensées et je commençais à réfléchir en marin. Je ne rêvais pas de la course au large, mais d'un bateau qui m'ouvrirait le chemin vers les hautes latitudes. Même en haute mer, la montagne demeurait infailliblement le socle de mes envolées de jeunesse et tous les univers du rêve se conjuguaient dans la perspective d'une expédition au Groenland. J'avais déjà repéré de belles montagnes sur la côte ouest accessibles par la mer. L'occasion de réunir les marins de *Pen Duick VI* et des amis alpinistes était trop belle. Ce serait pour moi la synthèse de deux mondes, le mariage de deux passions.

Il me fallut du temps et de l'expérience pour réaliser tout ce que j'avais appris au contact de ce maître silencieux silencieux, Éric Tabarly : comment être simplement là ?

L'APPEL DES PÔLES (1979)

Revenu à terre, je me lançai dans l'organisation de cette expédition. Le coût du voyage dépassait largement mes propres capacités financières, alors il fallut chercher des partenaires. À deux mois du départ, je trouvai *Japy-Hermes*, un bateau de la dernière course autour du monde 1977-1978, à l'arrêt dans un port méditerranéen depuis un an ; nous devions, pour partir avec, d'abord le remettre en état. Finalement, au prix d'un travail acharné et d'une collecte générale de petits dons, on quitta le port de La Trinité pour le Groenland le 14 juillet 1979, jour de la fête nationale. Après deux semaines de mer, nous atteignîmes la côte ouest, magnifique, époustouflante, se découpant en une succession de hautes montagnes qui dominent l'océan, enlacées par des glaciers géants qui serpentent jusqu'à l'océan où vêlent les icebergs. Après un mois de montagnes, d'ascensions, de couloirs de glace, on quitta le Groenland. Seul sur le pont, j'agrippai la barre, la gorge serrée par une émotion trop forte, envahi par une fierté de conquête, de conquête sur moi-même, car ça n'avait pas été facile de monter cette première expédition. Je sus à cet instant que je ne m'étais pas trompé, que les hautes latitudes seraient celles de ma vie.

« JE SUS À CET INSTANT QUE LES HAUTES LATITUDES SERAIENT CELLES DE MA VIE. »

Pôle Nord, le 11 mai 1986 - Un immense soulagement m'envahit, il n'y avait plus rien à conquérir, ni la banquise, ni moi-même.

LE PÔLE NORD EN SOLITAIRE (1985 - 1986)

À l'âge de trente-huit ans, je ressentis que l'heure était venue de réaliser ma propre aventure, mon cap Horn, mon Himalaya à moi. Le pôle Nord s'imposa comme le plus beau des challenges que je pouvais m'offrir. L'axe de rotation de la Terre se situe au cœur de l'océan Arctique, un océan gelé recouvert par la banquise. Cette expédition se présentait en réalité comme un parcours maritime sur un océan gelé dans une atmosphère glaciale de très haute montagne. Une fusion entre les deux mondes, la mer et la montagne, poussée à l'extrême. Techniquement, je n'avais aucune crainte : tirer un traîneau est un geste instinctif ne nécessitant pas d'apprentissage, c'était dans mes forces, mes compétences. La vie allait être rude, sans répit, mais, après des années à avoir affronté les tempêtes, le froid glacial, les bivouacs, les nuits à la belle étoile, j'étais devenu un « super-campeur », rompu aux exigences des terres ultimes. La décision de partir en solitaire m'est apparue comme une évidence. Composer avec mes forces, mes faiblesses et mes doutes, avoir l'entière maîtrise des décisions, entrer intimement dans la magie des lieux, explorer jusqu'aux limites de mes propres forces. Ainsi, du jour au lendemain, ma vie s'organisa autour du pôle.

Je dévorai les livres des pionniers de l'exploration polaire, mais qui pouvait réellement me parler du pôle Nord ? Quatre Finlandais l'avaient atteint en 1984, à skis, en tirant leurs traîneaux. Ils étaient partis de Resolute Bay, un village inuit à l'extrême nord du Nunavut, où je me rendis l'été suivant. L'unique auberge était tenue par un Indien originaire de Madras, Bezal Jesudason, installé là depuis une quinzaine d'années. Il en avait vu, des aventuriers du pôle ! Bezal ne croyait pas du tout à ma tentative en solitaire, il me donnait 1 % de chances d'atteindre le pôle Nord et me conseilla de contacter les Finlandais, les premiers vainqueurs du pôle à skis. C'étaient de grands gaillards solides qui connaissaient les rigueurs du Grand Nord depuis l'enfance. Ils m'accueillirent avec une chaleur toute scandinave et me prodiguèrent quelques conseils de base. Sur ce désert de glace, il y a deux risques majeurs : l'attaque d'un ours et tomber à l'eau à travers une jeune banquise fragile. Rien ne pouvait entamer mon enthousiasme et ma détermination. Fondu dans une dynamique puissante, j'étais pris littéralement dans un champ d'énergie dont le pôle Nord était le foyer central.

DAMART
UAP

Le 3 mars 1985, un petit avion sur skis me déposa au nord de l'île d'Ellesmere et décolla sans attendre. Il faisait moins 46 °C. Je me trouvais brutalement seul, face à des murs de blocs de glace empilés, dressés par la puissante dérive de la banquise qui vient s'écraser à l'extrême nord du Canada. Dans cet univers lunaire, je compris à l'instant qu'il ne me fallait pas mollir une seconde sous peine de m'endormir pour toujours. Immergé dans ce désert chaotique, je cherchais inlassablement le chemin sans voir l'horizon. Par endroits, je devais hisser le lourd traîneau sur les crêtes de compressions de 3 à 4 mètres de hauteur, craignant de me coincer la jambe entre ces lourds blocs de glace instables dont je n'arriverais pas à m'extraire. Le quinzième jour, un accident allait mettre fin à toutes mes audaces. Je m'effondrais dans une fracture de la banquise, me blessant sérieusement l'épaule droite. Je ne pouvais plus tirer le traîneau. Était-ce la providence qui l'avait placée sur mon chemin ? J'appelais Resolute Bay pour qu'on vienne me chercher.

« J'ÉTAIS PRIS DANS UN CHAMP D'ÉNERGIE DONT LE PÔLE NORD ÉTAIT LE FOYER CENTRAL. »

Le lendemain, Bezal était là pour m'accueillir. Mon abandon lui donnait raison, mais j'avais appris sur ce terrain à nul autre pareil, notamment sur les améliorations à apporter au sac de couchage et au traîneau. Un an après, le 2 mars 1986, le même pilote me déposa pour une nouvelle tentative. Je repartais confiant, même si, avec un peu d'ironie, Bezal m'accordait cette fois 2 % de chance de réussite. Certes, ce n'était pas le choc de la découverte, et le matériel était mieux adapté, mais rien de la cruauté nocturne des basses températures et du chaos de la banquise n'avait changé. La banquise est d'une pauvreté sensorielle absolue. Là-bas, rien ne rappelle la vie, c'est une autre planète. J'atteignais par moments les limites de l'endurance et, malgré tous mes efforts, le pôle me paraissait encore bien loin. Endiguant mes souffrances et une lancinante tentation de l'abandon, j'avançais cependant en refusant de m'interroger sur les raisons de ma présence en ces lieux inhumains. Le premier danger se présenta la troisième semaine : des traces d'ours. Elles étaient fraîches du matin car le blizzard avait soufflé toute la nuit. J'avais fait le choix de ne pas emporter d'arme et je m'en remis au destin. La banquise comme tous les déserts est un temple géant. J'implorais humblement cette divinité polaire de me laisser en paix aller sur mon chemin pacifique. Blanc sur blanc, je ne le vis jamais. Je n'étais pas un chasseur et j'eus le sentiment qu'il avait voulu gratifier ma non-violence.

Le printemps arrivait avec la journée continue, stabilisant la température autour de moins 25 °C. Les zones de fractures de la banquise fraîchement regelées étaient plus fragiles. J'avais acquis une démarche féline, de plus en plus audacieuse, pourtant, à la fin d'une longue journée harassante, en cherchant un endroit de glace solide pour monter la tente, la plaque de glace s'effondra sous mes skis. Je me souviens d'avoir hurlé « Je passe à l'eau ! Je passe à l'eau ! » comme un appel de détresse. Par réflexe, je me couchai sur la glace et, chance insensée, elle était assez épaisse et je pus ramper jusqu'à la glace solide. Tous mes vêtements étaient trempés mais je m'en sortais bien. La banquise venait de me rappeler qu'il fallait être totalement là, présent à soi, à tout instant.

« LA BANQUISE, COMME TOUS LES DÉSERTS, EST UN TEMPLE GÉANT. »

Au pôle Nord, il n'y a rien, il ne faut pas chercher le moindre signalement, c'est un rendez-vous au milieu de l'océan Arctique sur une banquise qui dérive sans cesse. La dernière localisation de la balise Argos qu'on m'avait transmise par radio me situait à vol d'oiseau à 22 kilomètres du pôle. Mais je devais louvoyer entre les zones d'eau libre qui ne regèle plus à cette date, et surtout ne plus m'arrêter car la banquise dérivait vite contre moi. Après vingt-quatre heures de marche ininterrompue, jusqu'à l'épuisement, j'estimais que je venais d'atteindre le pôle Nord ; c'était précisément le 11 mai 1986 à 2 heures du matin. Un immense soulagement m'envahit, il n'y avait plus rien à conquérir, ni la banquise, ni moi-même. Au firmament, toutes les cellules de mon corps semblaient heureuses, un apaisement total rarement ressenti. Je me suis décroché du traîneau et j'ai fait quelques pas sur la banquise, enfin libre, libéré de cet ambitieux projet que je m'étais inventé, aller seul au pôle Nord. La balise Argos confirma ma position, un incroyable 89° 993' N. Grâce à la mesure du satellite, j'étais le premier homme à être localisé précisément sur l'axe de rotation de la Terre.

Le pôle n'était plus une conquête, mais un chemin de plus éclairé. Du pôle, on ne domine rien ; ce n'est pas l'ascension d'une montagne, c'est un rendez-vous au milieu d'un océan gelé sans repères, un sommet invisible que l'on porte en soi. Je revenais plus solide, confiant dans ma capacité à mener des projets d'exploration et la perspective de poursuivre un destin d'aventures. Le pôle en solitaire marquait un tournant. Dans mon journal, à la page de l'arrivée au pôle, j'écrivis : « Désormais, j'imaginerai et monterai mes propres expéditions. Désormais, je ferai vivre mes rêves et les partagerai. »

« LÀ-BAS, RIEN NE RAPPELLE LA VIE, C'EST UNE AUTRE PLANÈTE. »

L'EXPÉDITION TRANSANTARCTICA, UN ENGAGEMENT POUR L'ANTARCTIQUE (1989-1990)

Lors de mon expédition en solitaire pour atteindre le pôle Nord, je fis inopinément la singulière rencontre de Will Steger, en plein milieu de la banquise désertique. Je savais qu'une expédition américaine tentait d'atteindre le pôle Nord à la manière des découvreurs Peary et Cook, sans assistance technique ni logistique. C'est à ce moment que nous nous rencontrâmes et qu'il me proposa le projet de traverser l'Antarctique. Will et son équipe arrivèrent au pôle Nord le 4 mai 1986, moi, le 11 mai. Chacun avait atteint son objectif, nous étions désormais libres de nos imaginations.

Je retrouvais Will et ses cinquante chiens au nord du Minnesota. Il habitait une cabane en bois perchée sur un lac en pleine forêt. Will était impatient de me présenter le projet, tout était déjà bien balisé. Sur une petite table en bois massif construite de ses mains, il étala une carte de l'Antarctique. Traversant d'un doigt le continent dans sa plus grande longueur, il dit en me regardant dans les yeux : « *The longest way, this is the road !* » (« La plus longue traversée, ce sera notre chemin »). Conduire un attelage de chiens d'un bout à l'autre de l'Antarctique, quelle fabuleuse histoire ! Je sentis que je touchais là, bien davantage encore

qu'au pôle Nord, l'essence même du monde polaire, le plus authentique, celui des Inuits. J'étais conquis. Sans plus attendre, on entra dans les faits. On partirait du nord de la péninsule et, après le pôle Sud, je suggérais que l'on aille jusqu'à la station française Dumont-d'Urville. Avec les évitements de montagnes et de zones crevassées, ça ferait autour de 6 000 kilomètres. Avec une moyenne de 30 kilomètres par jour, que peuvent assumer les chiens, nous prévoyions sept mois. Il fallait donc partir de la péninsule en juillet, au cœur de l'hiver, pour arriver de l'autre côté fin février, avant le retour de l'hiver et le gel de l'océan côtier.

« THE LONGEST WAY, THIS IS THE ROAD ! »

Le choix de la date était important car en octobre 1989 se tiendrait à Paris la Conférence consultative du traité sur l'Antarctique. Les travaux de cette conférence devraient porter essentiellement sur la protection de l'environnement, notamment la réglementation des activités relatives aux ressources minières. La convention de Wellington devait y être ratifiée, autorisant l'accès à l'exploitation des richesses. Une brèche dans le traité sur l'Antarctique qui dédie exclusivement ce continent aux activités pacifiques et scientifiques. Cette expédition internationale attirerait l'attention du monde sur l'avenir du continent blanc, l'occasion de dénoncer cette initiative rampante. Je proposai la devise : « L'Antarctique n'est pas un continent pour l'homme, c'est un continent pour la Terre. »

Will Steger avait déjà travaillé sur la composition de l'équipe : trois attelages de douze chiens, deux mushers (meneurs) par traîneau, cela ferait une expédition de six personnes. Je suggérai de constituer un groupe représentant un ensemble de nations bien implantées en Antarctique, notamment un Chinois et un Russe. Avoir deux membres de pays communistes l'intriguait. Mais il adhéra vite à l'idée quand il saisit que cette expédition devait être un engagement majeur, symbolique, pour la protection de l'environnement en Antarctique. De son côté il sélectionna le Japonais Keizo Funatsu et l'Anglais Geoff Somers, deux mushers expérimentés. Je me chargeais des « affaires étrangères » en entrant dans le réacteur du monde, la politique, la diplomatie, les finances, les médias, totalement convaincu que notre projet était au centre du monde. J'avançais avec l'assurance et l'audace que donne l'innocence. Réunissant un Russe soviétique, un Japonais, un Chinois, un Anglais, un Américain et un Français, Transantarctica devenait une expédition emblématique, un engagement autant aventurier que politique.

« L'ANTARCTIQUE N'EST PAS UN CONTINENT POUR L'HOMME, C'EST UN CONTINENT POUR LA TERRE. »

UAP
1990 EXPEDITION

En Antarctique, dans cet immense désert sans frontières, les communications se faisaient par radio en dépit des fluctuations hertziennes propres aux régions polaires. Christian de Marliave, installé à Punta Arenas, au Chili, nous donnait la position quotidienne de notre balise Argos. Il m'arrivait aussi de capter des nouvelles du monde sur les radios internationales. Plusieurs événements allaient jalonner notre traversée.

Une fois partis, en même temps que nous traversions l'Antarctique, en octobre 1989 le statut de son avenir se jouait en France qui accueillait la Conférence sur le traité. Bonne nouvelle, grâce à la pression politique de Michel Rocard, Premier ministre français, de Bob Hawke, Premier ministre australien, et celle du commandant Cousteau, la convention de Wellington, ouvrant l'Antarctique à l'exploitation industrielle, ne fut pas ratifiée. Le continent conservait son statut de « Terre de science et de paix ». Quant aux richesses potentielles, elles ont été gelées jusqu'en 2048 par un moratoire de cinquante ans (le Protocole au traité sur l'Antarctique relatif à la protection de l'environnement est entré en vigueur en 1998 pour une période de cinquante ans).

Le 9 novembre 1989, un événement majeur allait ébranler le monde : la chute du mur de Berlin, symbolisant l'effondrement des régimes communistes en Europe de l'Est et la fin de la guerre froide entre les deux blocs de l'Est et de l'Ouest. J'en informai Viktor Boyarsky. Ce grand gaillard qui apportait à l'équipe sa puissance physique, sa force de caractère, sa bonne humeur, était stupéfait. Sous le joug de l'Union soviétique depuis l'enfance, contraint à ne pas manifester d'opinion politique, il ne prononça pas ce « hourra » souvent contenu dans son regard éclairé. Mais à plusieurs reprises on l'entendit prononcer le mot « *peace* », on le sentait soulagé et interrogatif sur la vie qui l'attendait dans son nouveau pays. Autre événement, le 10 décembre, j'informai Daho Qin que le dalaï-lama recevait le prix Nobel de la paix. Il ne dit rien, sinon que le Tibet était chinois depuis des millénaires. Nous avions entre nous tous, sans que ce fût décrété, une attitude d'ambassadeur – nous ne parlions jamais de politique. Le fait aussi que nous ne parlions pas la même langue limitait les écarts maladroits de verbiage.

Le 11 décembre 1989, au quatrième mois d'expédition, nous atteignions le pôle Sud. Inspirés par ce vent de paix qui soufflait sur la planète, nous lancions, chacun dans notre langue, ce message au monde : « Ici, de ce point où les méridiens de tous les pays se rejoignent, nous disons qu'au-delà des nationalités et des cultures, nous pouvons ensemble vivre en paix même dans les pires circonstances. Puisse l'esprit de Transantarctica être un exemple pour un monde meilleur. »

Après sept mois d'engagement quotidien, nous approchions du but quand soudain une ligne bleue émergea à l'horizon sur la calotte polaire. « L'océan ! L'océan ! » s'écria Victor. C'était vraiment l'océan, nous arrivions enfin au bout. On se regroupa pour savourer ensemble ce moment, on venait de réussir la plus grande traversée du continent antarctique, ce continent de paix, avec une équipe multinationale.

Cette aventure hors norme avait été largement relayée à l'international par les médias, le grand public et les scolaires. Elle avait apporté sa part à l'engagement des nations pour la protection de l'Antarctique. Dans le mois qui suivit notre retour, nous fûmes accueillis à la Maison-Blanche par le président George Bush père, à l'Élysée par le président Mitterrand, par le Premier ministre du Japon, le président de la Chine, et à Moscou par Edouard Chevardnadze, ministre des Affaires étrangères de Mikhaïl Gorbatchev, les grands artisans de la fin de la guerre froide. Ces marques de bienvenue officielles étaient un gage de reconnaissance et mettaient en exergue la légitimité que donne l'engagement sur le terrain.

« CETTE EXPÉDITION ÉTAIT UN ENGAGEMENT AUTANT AVENTURIER QUE POLITIQUE. »

GORE-TEX

ANTARCTICA, UN NAVIRE D'EXPÉDITIONS POLAIRES (1989-1999)

Rentré de l'Antarctique, je cherchai une nouvelle aventure. Tout convergeait pour lancer la construction d'un navire d'expédition. Il devrait forcément être capable de naviguer sur les océans polaires sans risquer de se faire écraser par la glace qui a conduit à tant de naufrages. Un seul bateau avait bravé les forces colossales de la banquise, le *Fram* du Norvégien Fridtjof Nansen. Grâce à sa forme arrondie et à la structure de la coque, le *Fram* était sorti indemne du puissant étau de la banquise après trois années de dérive à travers l'océan Arctique, de 1893 à 1896. C'était le navire dont il fallait s'inspirer. J'avais en tête de refaire la dérive arctique du *Fram* en m'engageant cent ans après dans le sillage du célèbre Norvégien. Au-delà de ses expéditions remarquables, Nansen était un personnage immense, fascinant, très inspirant, qui eut l'audace de braver toutes les frilosités et l'immobilisme des institutions. Il œuvra pour donner un statut aux réfugiés apatrides de la Première Guerre mondiale, le fameux passeport Nansen, qui lui valut le prix Nobel de la paix. Le discours qu'il adressa aux étudiants illustre à merveille l'enthousiasme éternel de cet homme alors âgé de soixante-cinq ans : « Profondément enracinés en nous, l'esprit d'aventure, l'appel du monde sauvage vibrent en chacune de nos actions, rendant la vie plus profonde, plus élevée et plus noble. »

Le cahier des charges se résumait ainsi : un navire dont la structure est capable d'endurer le puissant serrage des glaces avec une forme arrondie lui permettant d'être soulevé par la banquise pour échapper aux forces d'écrasement. Le bateau fut construit en dix mois par la Société française de construction navale, un chantier situé sur les bords de la Seine à Villeneuve-la-Garenne. À chaque visite que j'y rendais, le rêve de bateau prenait corps. La carène oblongue, lisse, tel un galet géant poli par la mer, endossait la promesse de son invincibilité dans le fracas des glaces dérivantes. Le navire fut mis à l'eau le 9 avril 1989. Il descendit la Seine jusqu'au Havre où il fut baptisé. On le nomma *Antarctica*. En guise de bouteille de champagne, on choisit un pain de glace qui éclata en mille morceaux sur l'étrave, sous le regard de ses marraines et parrains, six enfants « ambassadeurs » des pays de chacun des membres de l'expédition Transantarctica : l'Angleterre, la Chine, les États-Unis, le Japon, la Russie et la France. *Antarctica* partait pour une longue vie de missions ininterrompues dédiées à l'exploration, la science et l'éducation sur les océans du monde.

ANTARCTICA
ANTARCTICA

Avant d'engager *Antarctica* dans la dérive transpolaire qui devait durer deux ans, dont deux hivers, on amena le bateau pour un hivernage test dans un fjord sur la côte ouest du Spitzberg. La longue nuit sans fin arriva très vite. Périodiquement, les aurores boréales nous donnaient des nouvelles du soleil, disparu depuis des semaines. À bord, chacun accomplissait à son rythme des tâches routinières, d'entretien du bateau, de travail personnel, d'écriture. La permanence de ce huis clos, la sobriété de la vie, la prégnance d'un noir dehors abyssal imposaient une rencontre avec soi, donnaient libre cours à une forme de spiritualité laïque. Le sevrage de soleil s'éternisait, jusqu'à ce 16 février où il émergea, perçant l'horizon. Sa lumière éclaboussa nos pupilles, une éphémère résurrection après quatre mois de nuit.

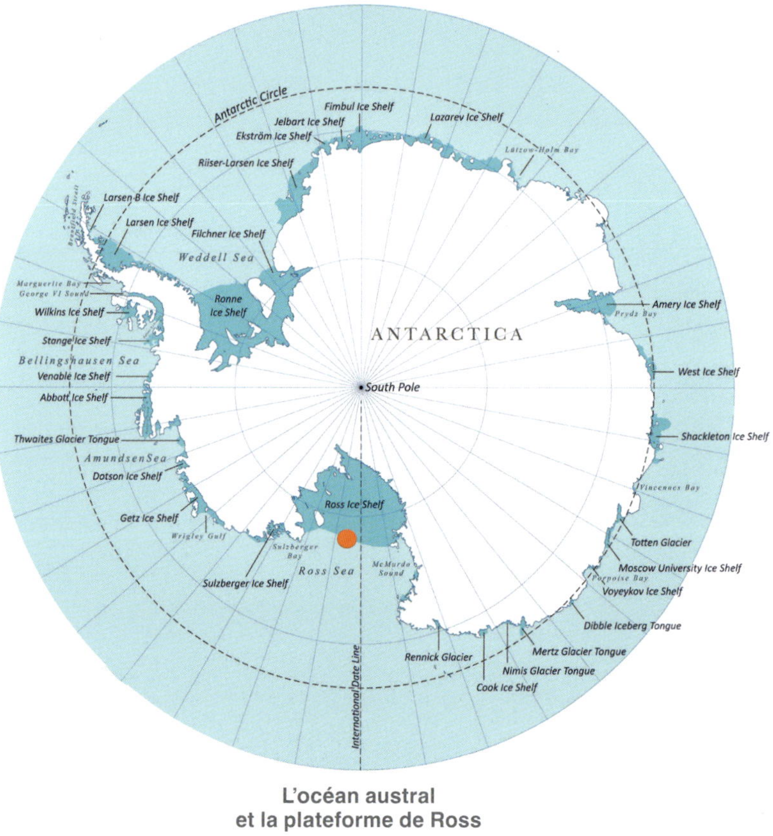

L'océan austral et la plateforme de Ross

À l'issue de cette longue nuit polaire glaciale, j'étais confiant dans les capacités d'*Antarctica* à nous conduire vers la prochaine étape, la dérive arctique un siècle après Nansen. Mais une nouvelle abrupte allait mettre fin à ce projet que je nourrissais depuis dix ans et pour lequel j'avais fait construire ce bateau si particulier : mon partenaire financier interrompait brutalement le contrat ; changement de président, nouveaux objectifs… il n'y avait pas d'autres solutions. Au retour en France, je fus acculé par les difficultés financières. J'avais emprunté une somme considérable pour la construction d'*Antarctica* et la rupture brutale du contrat de mon partenaire m'obligeait à le vendre. La séparation fut difficile mais une chose me consolait : il était repris par Peter Blake, un exceptionnel marin néo-zélandais. Peter était venu à Camaret-sur-Mer pour en prendre possession. Le lendemain, en quittant le port, je me suis arrêté un instant pour saluer une dernière fois *Antarctica* après ces dix années de vie commune.

Au pied de la barrière de Ross, une falaise de 35 à 40 mètres de hauteur.

Le vêlage d'iceberg

La calotte glaciaire est un glacier géant qui descend par gravité comme tous les glaciers. Quand la calotte arrive sur l'océan, elle flotte et va s'étendre pour former une plateforme glaciaire. La plateforme de Ross est la plus grande et s'étend sur 600 km. À son pied, il y a entre 35 et 40 mètres de hauteur, ce qui signifie qu'il y a environ 300 mètres de glace sous l'eau. Quand la plateforme se fracture, elle libère un iceberg qui part au large.

Aujourd'hui, la montée du niveau de l'océan et de la température de l'eau provoque un nombre important de vêlages.

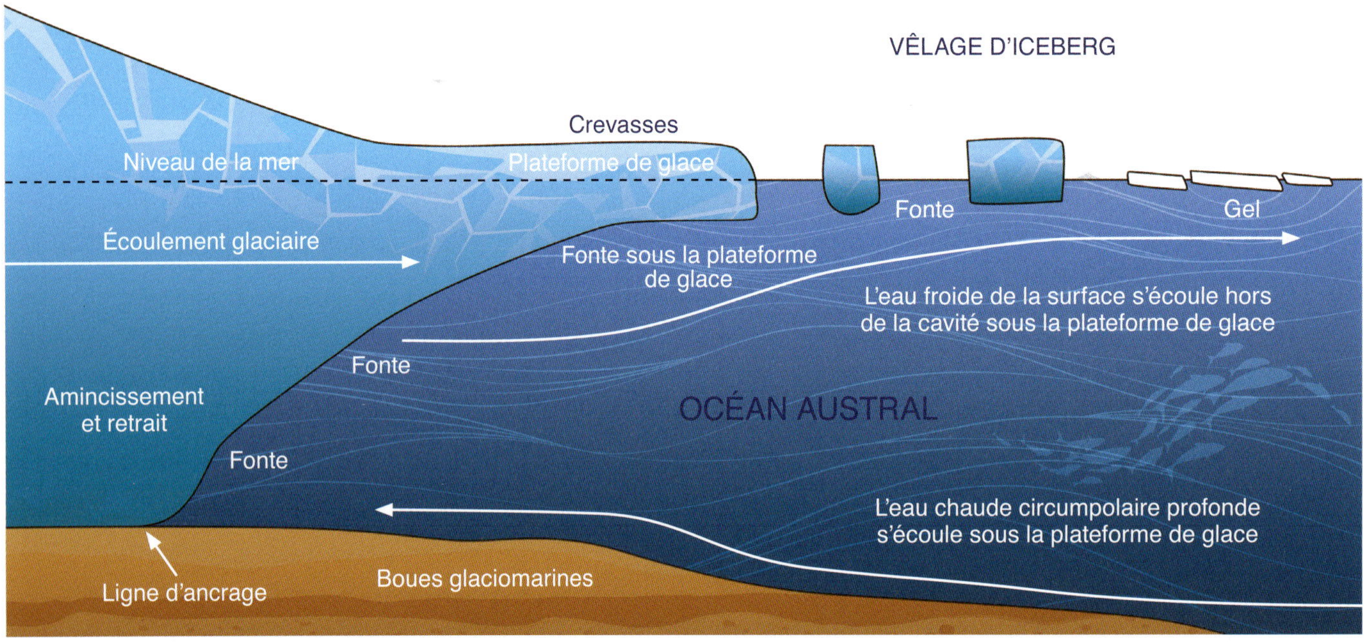

MISSION BANQUISE À BORD DU *POLAR OBSERVER* (2002)

Après l'arrêt brutal du projet *Antarctica*, je ne pouvais néanmoins pas échapper à ce rêve profondément ancré d'une dérive arctique. Certes, sans *Antarctica*, ce ne serait plus la réédition de l'aventure de Nansen, mais je décidai de laisser libre cours à une idée qui avait germé durant mon parcours solitaire au pôle Nord en 1986. Anéanti par trop d'efforts, j'avais imaginé revenir un jour me poser sur la banquise, assister au spectacle des forces titanesques de la tectonique des plaques de glace : ses fractures, ses collisions, l'érection des crêtes de compression. M'installer au cœur de ce désert blanc dans le confort d'un cocon équipé de grands hublots, une simple cabine, un refuge flottant. Je revenais à ce qui me passionne dans toute expédition : concevoir, dessiner, construire un nouveau vaisseau. Il se nommerait le *Polar Observer*.

« J'AVAIS IMAGINÉ ASSISTER AU SPECTACLE DES FORCES TITANESQUES DE LA TECTONIQUE DES PLAQUES DE GLACE. »

Mon premier dessin avait la forme d'un œuf, arrondi comme la coque d'*Antarctica*, pour éviter l'écrasement par la banquise. La base devait être assez large et lestée pour assurer la flottabilité et la stabilité verticale en cas de chute dans l'eau – un « culbuto », en quelque sorte. Comme je serais seul à bord, ses dimensions devaient être à ma taille, modestes, assez hautes pour que je puisse tenir debout et assez larges pour que je dorme sur le plancher. Je confiai l'étude et la construction au Centre régional d'innovation et de transfert de technologie (CRITT) de l'université Paul-Sabatier de Toulouse. Pour faciliter la construction et le transport, l'œuf se transforma en un polyèdre conique à six faces. Cet engin aux allures de capsule spatiale serait mon prochain vaisseau polaire. Pour un temps, j'allais être la sentinelle de l'océan Arctique, si méconnu et difficile d'accès. Cette expédition prit le nom d'un nouvel engagement : Mission banquise.

Le 15 avril 2002, un hélicoptère MI8 de l'aviation russe me déposa au pôle Nord. J'avais comme seul compagnon un chien groenlandais qui devait me prévenir de la présence d'un ours. Tout autour du *Polar Observer* j'avais installé des instruments confiés par différents organismes de recherche auxquels je devais transmettre des résultats et des prélèvements. Ces données étaient précieuses car en 2002, à part les stations d'écoute temporaires installées sur la banquise par les Russes, aucune mission de long terme n'avait encore été réalisée sur l'océan Arctique.

Gaz de France
CONSEIL RÉGIONAL

Dès le lendemain, je me mis au travail. À la tronçonneuse, je découpai dans une banquise de 1 mètre d'épaisseur un carré de 1 mètre de côté ; par cette ouverture vers les profondeurs, j'immergeai une sonde CTD accrochée à un câble en nylon de 1 000 mètres enroulé sur le tambour d'un moulinet de pêche au gros. Je descendais et remontais la sonde à la main à la vitesse régulière de 1 mètre par seconde. Je répétais cette mesure tous les deux jours et envoyais les résultats à Jean-Claude Gascard, spécialiste de l'océan Arctique, au laboratoire LOCEAN à l'université Pierre-et-Marie-Curie à Paris. La sonde CTD enregistrait la température et la salinité, deux paramètres essentiels qui caractérisent la stratification des couches d'eau dans l'océan. Le profil de la courbe permettait de détecter d'éventuelles arrivées d'eaux chaudes circulant sous la banquise. Dans la foulée, avant que l'eau ne regèle, j'immergeais un filet à plancton avec une corde de 200 mètres enroulée sur une poulie fixée sur un trépied à la verticale du trou que je remontais accrochée à mes épaules en la tractant tel un baudet. Puis j'allais

vite me réfugier au chaud dans le *Polar Observer* pour récolter les copépodes, petits animaux planctoniques microscopiques pris dans les mailles du filet. Je passai mon temps à regarder au microscope ces copépodes s'agiter dans une goutte d'eau. Quand la vie est rare, la moindre trace devient magique et l'on se surprend à s'extasier devant une poignée d'insectes de mer. Cette minuscule présence de vie était apaisante dans cette aride solitude arctique. Cette petite récolte de minuscules crustacés de 0,5 millimètre paraissait bien dérisoire, et pourtant leur masse totale dans l'océan mondial constitue le premier maillon du réseau alimentaire océanique. Rien n'est minuscule pour qui prend le temps de regarder.

Au fil des jours, une routine s'installa, fragmentée par moments par les assauts de la banquise soumise aux puissantes forces tectoniques emmagasinées dans la glace. Le 14 mai précisément, je m'en souviens car c'est la date de mon arrivée au pôle Nord en 1986, alors que tout semblait bien calme, une

plaque de glace de plusieurs tonnes s'érigea lentement à proximité du *Polar Observer* et se renversa sous mes yeux dans un bruit sourd de tremblement de terre. À ma grande surprise, sa face océanique était recouverte d'un tapis d'algues vertes. Malgré son épaisseur de près de 1 mètre, la photosynthèse était à l'œuvre à travers la banquise, une véritable prairie sous-glaciaire pour les copépodes et le krill dont se nourrissent les morues arctiques, qui elles-mêmes constituent la nourriture de base des narvals, des bélugas, des phoques, de plusieurs espèces de poissons, comme le turbot et le flétan du Groenland et de nombreux oiseaux de mer. La morue arctique est une espèce clé dans l'écosystème polaire ; sa diminution de la banquise entraînerait des conséquences sur ces populations et tout l'écosystème marin arctique.

Abrité dans ce refuge cosmique, je passai quatre mois en apesanteur du monde, à dériver sur la banquise au gré du courant et du vent. J'eus le privilège de la visite de quelques oiseaux rares, la mythique mouette de Ross, teintée de rose, et une mouette ivoire qui s'est posée non loin de moi. Sa seule présence, tranquille, miraculeusement si proche, était le plus bel accueil qu'elle pouvait me faire, la reconnaissance de mon appartenance à son monde, le sauvage, sur cet immense désert de glace où j'avais tant rêvé d'être.

OB
Gaz de France
CONSEIL REGIONAL MIDI-PYRÉNÉES
Fleury Michon
Unilever

LA TRAVERSÉE DU PÔLE NORD EN BALLON (2010)

Pendant les quatre mois de dérive à bord de *Polar Observer*, à explorer l'océan et collecter du plancton sous la glace, à partager le regard de quelques oiseaux rares, l'envie de m'envoler à mon tour, d'observer la banquise du ciel nourrissait une idée d'aventure. Le désir de survoler l'océan Arctique s'imposa comme l'accomplissement de ma trilogie du pôle Nord. Ce ne pouvait être qu'en ballon. J'interrogeai le météorologue Luc Trullemans qui avait été le routeur de Bertrand Piccard pour son tour du monde en ballon. Voici la réponse qu'il m'adressa : « En avril, en partant du Spitzberg, je peux assurer une prévision jusqu'au pôle Nord, mais au-delà, je n'ai pas de visibilité, je ne peux pas vous garantir qu'on trouvera les vents jusqu'en Alaska. Mais c'est possible, il y a des fenêtres météo favorables. » Ce vol de longue durée, d'un bord à l'autre de l'océan Arctique, environ 3 500 kilomètres, ne pouvait se faire qu'en rozière, un ballon hybride qui conjugue la portance d'un ballon à l'hélium qui emporte la charge et le chauffage périodiquement de ce gaz léger pour maintenir l'altitude. À cause de la rareté et du coût de l'hélium, les vols en rozière sont exceptionnels, réservés pour les grandes distances. De fait, il n'existe pas de formation au pilotage de la rozière, on doit s'entraîner sur une montgolfière classique à air chaud. J'avais un âge où l'on part en général à la retraite mais Philippe Hamain, aérostier professionnel, accepta de me prendre comme élève. Je m'y consacrai entièrement et après des mois de vols intensifs j'obtins la licence de pilote de ballon libre. Un pas décisif était franchi. Après la confirmation de l'engagement de quelques sponsors, je passai sur-le-champ commande du ballon auprès de Don Cameron, une entreprise de Bristol, la référence mondiale des concepteurs et constructeurs de toutes sortes de ballons. Je confiai la construction de la nacelle à Gérard Guérin, sachant qu'elle serait parfaite car Gégé est un compagnon de longue date et qu'il a de l'or dans les mains.

Fin mars 2010, je partais avec mon équipe au Spitzberg. Le 6 avril vers 4 heures du matin, le téléphone sonna : « Jean-Louis, il faut y aller maintenant, le ballon est presque gonflé et il y a du vent ! » Je mis quelques secondes à réaliser que c'était imminent, indiscutable, le temps d'affronter la réalité. Il y avait beaucoup de monde autour du ballon. « Remplissage terminé ! Faut pas traîner, Jean-Louis, le vent monte. » Je pris ma femme, Elsa, un moment dans mes bras, et sautai dans la nacelle. On coupa une première amarre, puis la deuxième et on m'interrogea du regard. Je hochai la tête pour signifier qu'on pouvait y aller. « Attention ! Décollage ! » La dernière amarre fut coupée et je me sentis propulsé dans les airs au milieu des hourras de la foule. Je montai lentement à 2 200 mètres et l'océan Arctique s'ouvrit au loin, magnifique. Suspendu sous le ballon, je survolais enfin la banquise. C'était grandiose. La machine que je découvrais pour la première fois répondait parfaitement à mes sollicitations. Je ressentis avec apaisement un sentiment d'appartenance à ce monde des airs qui jusqu'alors n'était qu'un rêve. Je me trouvais maintenant en l'air, seul face à ce nouveau défi que je m'étais inventé.

GENERALI
ARCTIC
SERVER

Mais rien ne se passa comme prévu ; un enchaînement de mésaventures fit de ce vol au-dessus du pôle la plus éprouvante et dangereuse de mes expéditions. La première alerte fut un court-circuit dans l'armoire électrique, ce qui eut pour conséquence de mettre fin le premier jour au pilote automatique censé maintenir l'altitude. Je fus très vite condamné à piloter à la main, ce qui réduisait à néant mon temps de sommeil. À cela s'est ajoutée le troisième jour une tempête de vent à 90 kilomètres à l'heure qui m'imposa quinze heures de concentration maximale à 300 mètres d'altitude pour garder un cap favorable. Dans un état avancé de privation de sommeil, des hallucinations visuelles semaient le doute sur mon niveau de conscience. J'avais l'impression qu'une personne venait s'asseoir à ma gauche, j'entendais aussi des cris d'oiseaux invisibles. Le risque de s'écraser au sol était constant et c'est bien ce qui faillit arriver quand une fuite de gaz sur un brûleur déclencha un incendie dans la nacelle. Avec ce qui me restait de lucidité dans cet instant de panique, je coupai l'arrivée du gaz et arrosai à l'extincteur. Le temps de reprendre mes esprits, je réalisai que je n'étais pas loin de m'échouer sur la banquise. Vite larguer du lest et remettre en route le deuxième brûleur. Je repris de l'altitude, j'étais sauvé, pour le moment. Au quatrième jour, l'Alaska s'éloignait de ma trajectoire. Le routeur me demanda d'explorer une veine de vent possible à 6 000 mètres d'altitude. Il faisait moins 28 °C, j'étais au soleil et je me suis mis sous oxygène. Je m'endormis sur-le-champ et fus réveillé par de violents maux de tête ; en un instant, je compris que je faisais un œdème cérébral d'altitude avec un début d'engagement. Il fallait réagir rapidement ; je m'injectai en intraveineuse une dose de cortisone et un diurétique. Je m'en sortis bien cette fois-ci mais le vent me poussait inéluctablement vers la Russie, une zone sous haute surveillance, ce qui devenait dangereux.

« DES HALLUCINATIONS ME FAISAIENT ENTENDRE DES CRIS D'OISEAUX INVISIBLES. »

GROUPE GENERALI
GENERALI

Elsa, qui suivait l'affaire en temps réel, informa l'ambassade de France à Moscou qui fit le nécessaire pour que des mesures conservatoires soient prises. Suspendu dans le silence, je survolais les plaines enneigées de Yakoutie, il était temps d'atterrir. Réunissant mes dernières forces pour poser le ballon rozière, sitôt arrivé sur la terre ferme je me laissai sombrer dans un profond sommeil après cinq jours, deux heures et quinze minutes d'insomnie. Le lendemain, un hélicoptère MI8 militaire vint me chercher. Le soir même, la réalité allait s'imposer, le service de renseignement russe m'attendait. Après trois journées d'intenses interrogatoires, assez déroutants par moments, jusqu'à semer le doute dans mes certitudes, j'étais enfin libéré du soupçon d'espionnage.

L'information majeure que je ramenai de cette traversée de l'océan Arctique est l'inquiétante surface d'eau libre de glace que j'ai survolée pendant la première partie du vol, et c'était au début du mois d'avril, à la fin de l'hiver arctique, quand les températures sont encore normalement très basses. Un symptôme des plus alarmants de la fièvre chronique de la Terre qu'on ne maîtrise plus.

« LE SERVICE DE RENSEIGNEMENT RUSSE M'ATTENDAIT. »

Génération

Génération
responsable
GENERALI

POUR LA PLANÈTE

PERSÉVÉRANCE : UN GRAND VOILIER OCÉANOGRAPHIQUE

SAFETY FIRST

TAILLÉ POUR LA GLACE

Persévérance n'est pas une goélette comme les autres ; elle est unique, robuste, sa puissance architecturale interpelle. Les passants s'arrêtent sur le quai, s'interrogent puis comprennent qu'elle est taillée pour d'audacieuses explorations sur les mers les plus inhospitalières du globe. Lorsque *Persévérance* est amarrée au ponton, sa coque, d'un gris brut aluminium, est impressionnante. Elle est très haute au-dessus de la ligne de flottaison car le pavois est élevé de l'étrave à la plage arrière, une protection qui s'impose sur ce navire destiné à naviguer sous les hautes latitudes. *Persévérance* n'est pas un brise-glace mais sa solide structure permet d'ouvrir la route, de se frayer un chemin dans des aires de banquise fracturée, d'assurer ainsi son destin polaire. *Persévérance* a déjà porté le pavillon français aux deux pôles de la planète et a affronté les états de mer les plus exigeants que l'on peut trouver sur nos océans.

« LA SOLIDE STRUCTURE DE *PERSÉVÉRANCE* LUI PERMET DE SE FRAYER UN CHEMIN DANS DES AIRES DE BANQUISE FRACTURÉE. »

PERSÉVÉRANCE : LE LIEN ENTRE LA TERRE ET *POLAR POD*

Depuis le commencement du projet *Persévérance*, je savais que le voilier qui serait construit aurait pour mission principale d'être le navire tender de *Polar POD*, c'est-à-dire le bateau qui permet l'accessibilité à cette plateforme dérivante dédiée à l'étude scientifique de l'Antarctique. Après plusieurs années d'études, le cabinet d'architecture navale Ship-ST de Lorient arriva au concept définitif : *Polar POD* serait un flotteur vertical de 100 mètres de hauteur, dont 75 mètres de tirant d'eau, avec une structure en treillis ouverte au passage des vagues, ce qui assurerait sa stabilité verticale. Un challenge technologique remarquable quand on sait que *Polar POD* dérivera autour de l'Antarctique entre 50° et 55° de latitude sud, sur un océan agité. L'autre challenge était d'assurer les relèves d'équipage et l'avitaillement en pleine mer sur un océan soumis à de forts vents d'ouest. Je confiai donc aux cabinets d'architecture navale Olivier Petit et VPLP le concept du navire avitailleur. Le dossier s'appelait « Tender to *Polar POD* : une goélette d'expédition polaire ».

« LE CHANGEMENT D'ÉQUIPAGE DU *POLAR POD* EST DIGNE DE LA RELÈVE DES GARDIENS DE PHARES EN PLEINE MER. »

Depuis le début du projet, les questions sur les manœuvres de relève d'équipage ont toujours été prégnantes, le sujet de nombreuses interrogations et d'analyses de risques. Comment transférer les équipiers et les deux mois de vivres jusqu'à *Polar POD* à une dizaine de mètres au-dessus de l'eau dans les cinquantièmes hurlants ? La technique de relève des gardiens de phare perchés sur des îles au large a été évoquée : une tyrolienne tendue entre *Polar POD* et la plage avant du bateau. Cela serait possible dans l'éventualité d'une mer calme, mais si tel est le cas, nous avons décidé que l'on pratiquerait plutôt ce qu'on appelle le « boat landing » : l'annexe de *Persévérance* viendra s'appuyer en bas d'une échelle à poste sur un des piliers de *Polar POD* et chaque équipier fera lui-même l'ascension ou la descente. Mais cette opération est inimaginable avec une houle dépassant les 2 mètres de creux. Dans ce cas-là, les colis et les personnes devront être hissés par treuillage à partir de l'annexe de *Persévérance* qui viendra se placer à la verticale d'une des ailes latérales. Seront amenés d'abord les colis pour la prise en main de l'exercice, se familiariser avec la houle, puis les équipiers qui seront alternativement montés et descendus en bout du câble, accrochés au harnais de sécurité.

Mais une question essentielle mobilisait beaucoup de matière grise, de discussions, de partage d'expériences : comment mettre l'annexe à l'eau et comment y embarquer ? Pour cela, nous avons opté pour une rampe à l'arrière de *Persévérance* sur laquelle l'annexe glissera pour la mise à l'eau et la remontée à bord. L'embarquement et le débarquement des charges et des personnes seront plus faciles sur la plage arrière. Le choix de l'annexe n'était pas non plus anodin. Nous avons opté pour un modèle hybride fabriqué par l'entreprise girondine Sealver. C'est un boudin gonflable autour d'une coque semi-rigide propulsée par un jet-ski attelé. Cette propulsion jet assure une meilleure manœuvrabilité qu'un moteur hors-bord pour se maintenir à la verticale du treuil d'embarquement de *Polar POD*, et de plus le jet supprime la dangerosité de l'hélice en cas de passage à l'eau. Cependant la houle peut entraîner des difficultés de coordination entre la tension du câble et l'amplitude des mouvements verticaux de l'annexe au passage des vagues. À cette question, tous les marins et spécialistes du secours en mer sont unanimes : pour passer d'un bord à l'autre en mer, le plus simple et le plus sûr est de s'équiper d'une combinaison étanche, de passer à l'eau et de se laisser tracter par le câble du treuil ; nous aviserons selon les états de mer.

« L'EMBARQUEMENT ET LE DÉBARQUEMENT DES CHARGES ET DES PERSONNES SE FONT SUR LA RAMPE ARRIÈRE DE *PERSÉVÉRANCE.* »

cegid
HUBLOT
MACIF
accenture
International

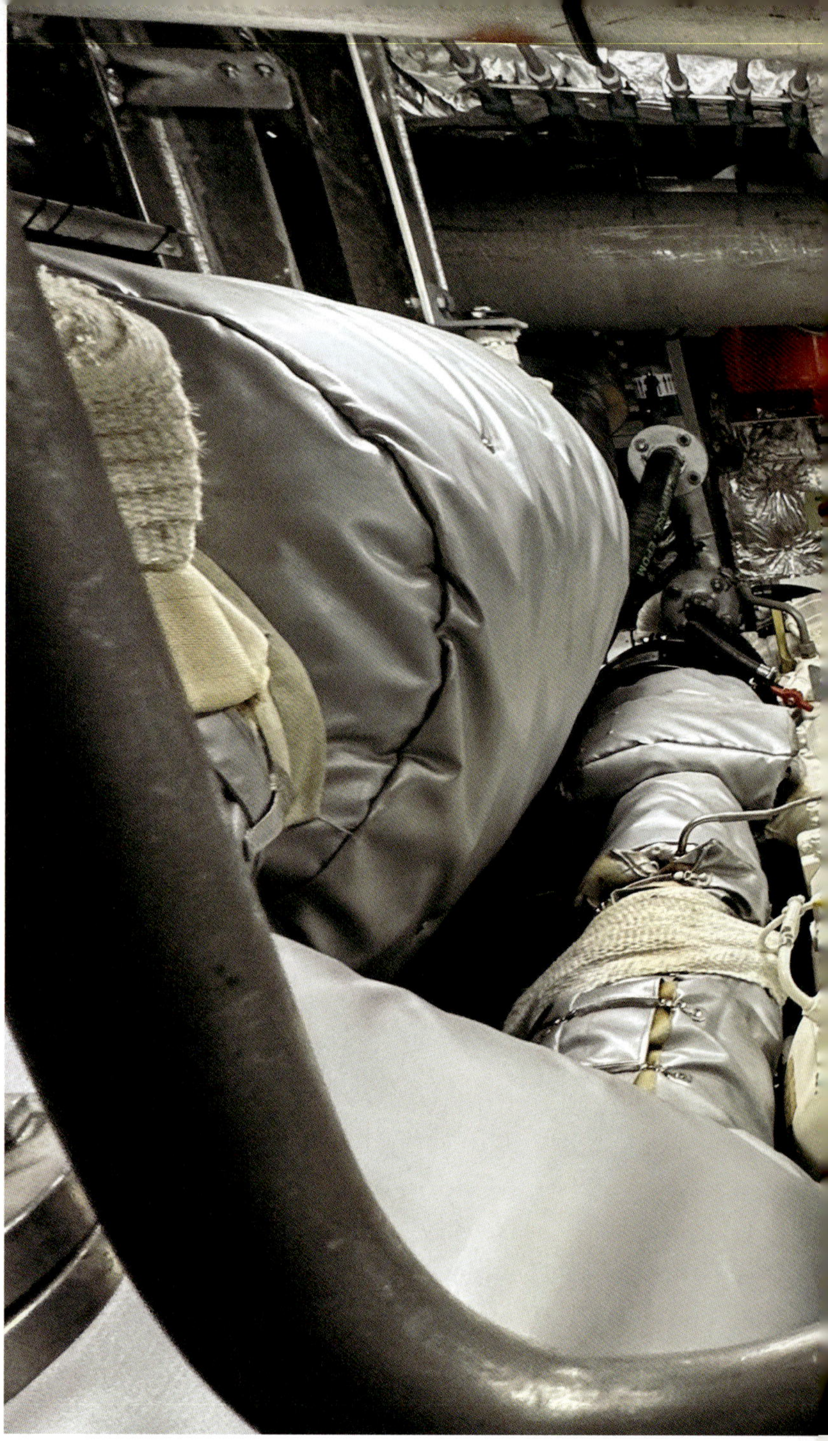

UN FAIBLE IMPACT ENVIRONNEMENTAL

Le transport maritime est aujourd'hui en pleine mutation avec pour objectifs majeurs la décarbonation de la propulsion et le traitement des rejets. Ces impératifs s'adressent tout autant aux navires de commerce qu'aux navires océanographiques. *Persévérance* est un pavillon français, inscrit au RIF, le Registre international français. C'est un navire de travail soumis aux exigences de l'OMI, l'Organisation maritime internationale. Cette institution des Nations unies est chargée de la sécurité, de la sûreté du transport maritime et de la prévention de la pollution de l'océan et de l'atmosphère (CO_2 et oxydes d'azote) par les navires. Le choix de la propulsion à la voile et d'une motorisation aux dernières normes ISO limite son impact environnemental. *Persévérance* a été conçu pour répondre à ces exigences environnementales. Afin de réduire au maximum les émissions de dioxyde de carbone (CO_2), *Persévérance* est une goélette de 42 mètres avec deux mâts égaux de 33 mètres et 880 mètres carrés de voiles. Un autre avantage est que l'appui du vent sur les voiles assure une stabilité à la gîte, limitant ainsi les mouvements de roulis. Le moteur de propulsion a une puissance de 600 chevaux-vapeur.

Ce moteur thermique répond à la réglementation IMO Tier III, c'est-à-dire qu'il est équipé d'un traitement des échappements à l'urée, ce qui réduit d'environ 80 % les émissions d'oxyde d'azote. La consommation de fuel est en moyenne de 1 tonne par jour, et moitié moins avec l'appui des voiles. Pour donner un ordre d'idées, les navires océanographiques consomment en moyenne entre 20 et 25 tonnes de fuel par jour.

« *PERSÉVÉRANCE* CONSOMME 25 FOIS MOINS DE FUEL QUE LES AUTRES NAVIRES OCÉANOGRAPHIQUES. »

Un navire de cette taille n'est pas une maison sur l'eau, c'est un village. Les besoins en électricité sont assurés par deux groupes électrogènes de 90 kilowatts qui tournent en alternance. L'eau potable est stockée dans deux réservoirs de 10 mètres cubes chacun que l'on remplit aux escales. Si besoin, nous pouvons produire de l'eau douce par dessalement de l'eau de mer grâce à un filtre à osmose inverse. Les eaux grises issues principalement des douches, des éviers, de la vaisselle et les eaux noires provenant des toilettes sont traitées dans une station installée dans l'atelier technique. Ces eaux usées sont broyées et désinfectées par des bactéries. Après une période de décantation et l'ajout d'une microdose de chlore, l'eau épurée est rejetée en mer à une distance de 12 miles des côtes. Pour un navire qui fréquente les mers froides, l'isolation thermique a été renforcée. Des granulats de liège ont été projetés à l'intérieur de la coque afin de limiter la condensation de l'humidité et par-dessus sont plaqués des panneaux de laine de verre de 100 millimètres d'épaisseur. Cette isolation est un facteur considérable d'économie d'énergie. L'équipage est de sept personnes, des professionnels de la marine marchande : un commandant, un second, un chef mécanicien, un second mécanicien, deux matelots et un cuisinier. À bord, ils se relaient dans un travail quotidien à temps plein pendant deux mois jusqu'à la relève de l'équipage suivant. Dans des cabines de qualité, *Persévérance* peut accueillir douze personnes ; des scientifiques pour des missions océanographiques, mais aussi des passagers qui contribuent ainsi au budget d'exploitation global du bateau.

Persévérance est actuellement le navire de recherche océanographique le plus écologique en mer et représente la figure de proue des expéditions qui innovent dans la réduction d'impacts négatifs sur l'écosystème de nos océans.

« *PERSÉVÉRANCE* EST UNE GOÉLETTE DE 42 MÈTRES AVEC DEUX MÂTS ÉGAUX DE 33 MÈTRES ET 880 MÈTRES CARRÉS DE VOILES. »

JUNG
GONG

LES OUTILS ET LES RECHERCHES SCIENTIFIQUES

Dans ses fonctions de tender de *Polar POD*, les transects de ravitaillement au départ du port le plus proche sur l'Indien, le Pacifique et l'Atlantique, seront de rares opportunités de campagnes océanographiques à toutes saisons et longitudes jamais réalisées sur cet immense océan Austral encore mal connu. Pour mener ces campagnes, *Persévérance* est équipé des capteurs scientifiques les plus performants pour permettre l'acquisition des paramètres essentiels à l'évaluation de la pression anthropique et alerter sur les mesures urgentes à prendre pour la « santé » de l'océan, et la nôtre par corrélation. Dans tous les domaines de la science, les capteurs de toutes sortes de paramètres sont de plus en plus performants, en précision, en taille, en consommation énergétique. De plus, la captation des mesures qu'ils effectuent est automatisée et les données sont transférées directement aux laboratoires scientifiques. Cette évolution technologique met en relief l'intérêt de la place des bateaux de la taille de *Persévérance* dans la recherche océanographique. Le coût d'exploitation est bien plus faible et l'impact carbone 20 fois inférieur à celui des navires de la flotte actuelle.

« SA MISSION : ALERTER SUR LES MESURES URGENTES À PRENDRE POUR LA “ SANTÉ ” DE L’OCÉAN. »

Certes, on ne peut assumer des logistiques lourdes comme la mise à l’eau de gros équipements, d’engins d’exploration sous-marine ou faire du carottage sur le plancher océanique. Mais la performance des équipements installés sur *Persévérance*, suivie à bord par un ingénieur océanographique et à distance par un encadrement scientifique, permet de capter, observer, mesurer, collecter des données et des paramètres biogéochimiques essentiels au suivi de la « santé de l’océan », sous la menace de plus en plus prégnante de l’impact des activités humaines difficiles à contrôler.

Observer l'évolution du plancton

Les planctons sont ces milliards de milliards de minuscules individus océaniques qui maintiennent en vie toutes les espèces marines. Une grande partie de ce travail incombe au phytoplancton, l'univers végétal océanique doté de capacités photosynthétiques. Ces algues planctoniques apportent à l'océan la même contribution que la végétation à terre, la production de nutriments et l'oxygène indispensable à la vie. De plus, le phytoplancton absorbe le CO_2 par la photosynthèse ; cette « pompe biologique océanique » participe à la séquestration du carbone et de ce fait à la régulation du climat.

« SOUS L'ACTION DU SOLEIL, LA CHLOROPHYLLE, LE PIGMENT VERT DU PHYTOPLANCTON, PRODUIT LA SUBSTANCE NUTRITIVE DE LA PLANTE ET LIBÈRE L'OXYGÈNE. »

Nous savons tous que l'intensité croissante de nos activités impacte la santé de l'océan ; le maintien du phytoplancton est donc crucial. Ce microvégétal est la clé de voûte du réseau alimentaire de toutes les espèces aquatiques dont la pêche nourrit la moitié de l'humanité. Alors, comment suivre l'évolution de ce monde invisible à nos yeux dans l'immensité de l'océan ? Cela se fait aujourd'hui depuis l'espace, par des satellites qui mesurent la couleur de l'océan. Le phytoplancton réfléchit la lumière du soleil, sa couleur verte signale sa présence. La densité et la nature de ces microalgues sont mesurées par l'analyse des échantillons d'eau collectés avec des filets à plancton immergés jusqu'à quelques dizaines de mètres de profondeur. Ce croisement entre la lecture spatiale de la couleur et la réalité biologique permet de valider la mesure du satellite et donc d'élargir le suivi de l'activité planctonique à l'ensemble de l'océan. C'est ce programme de calibration/validation de l'océanographie spatiale que nous menons sur *Persévérance*, en Arctique et sur l'océan Austral. Ces mesures sont essentielles pour le suivi de l'évolution et des mutations du plancton dans un océan de plus en plus chimiquement abîmé.

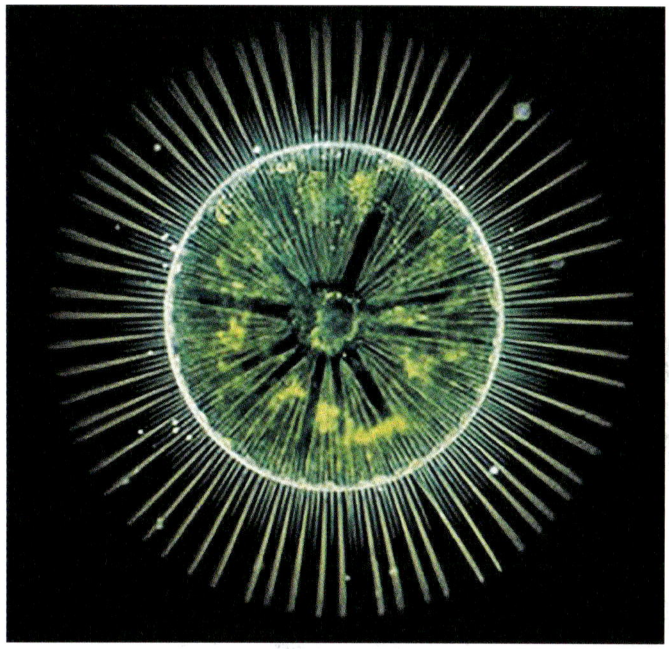

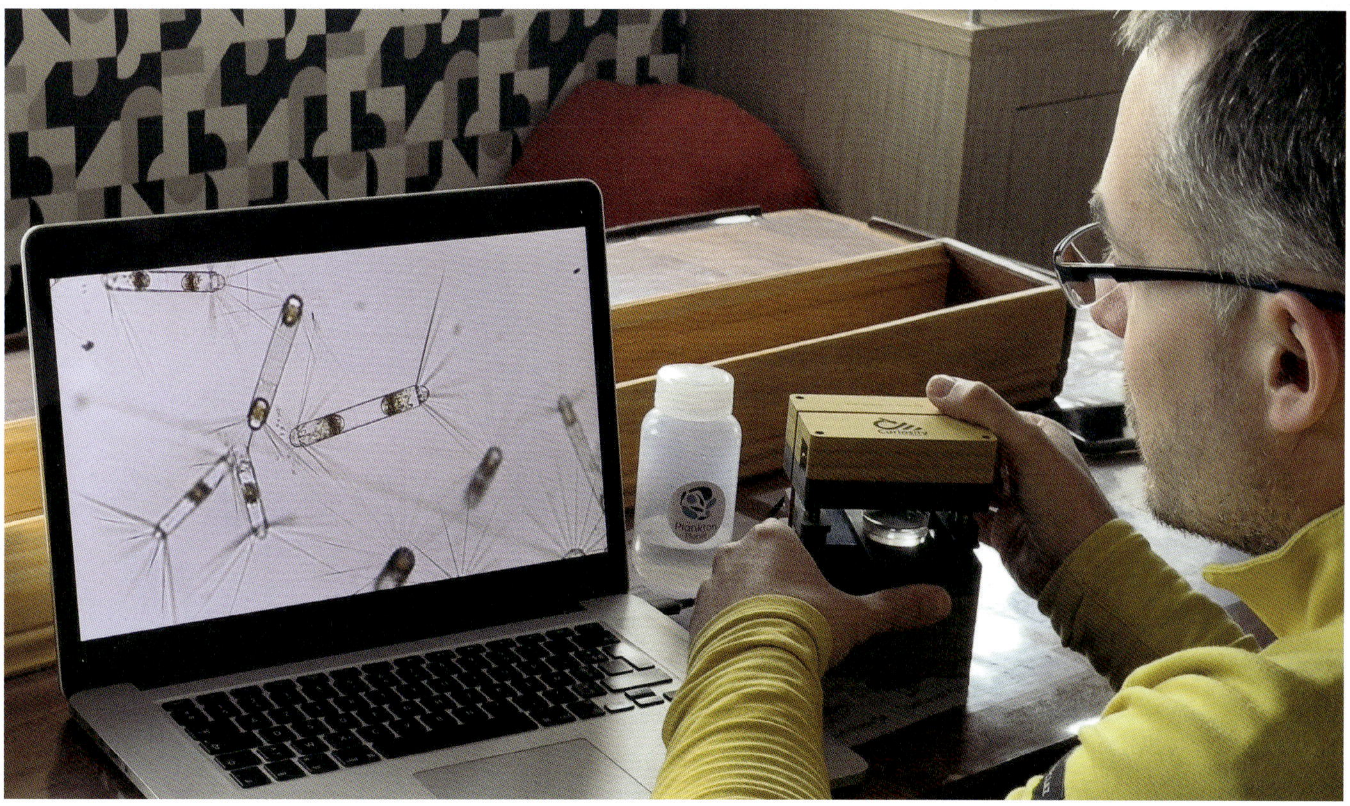

POLARPOD
FMVP

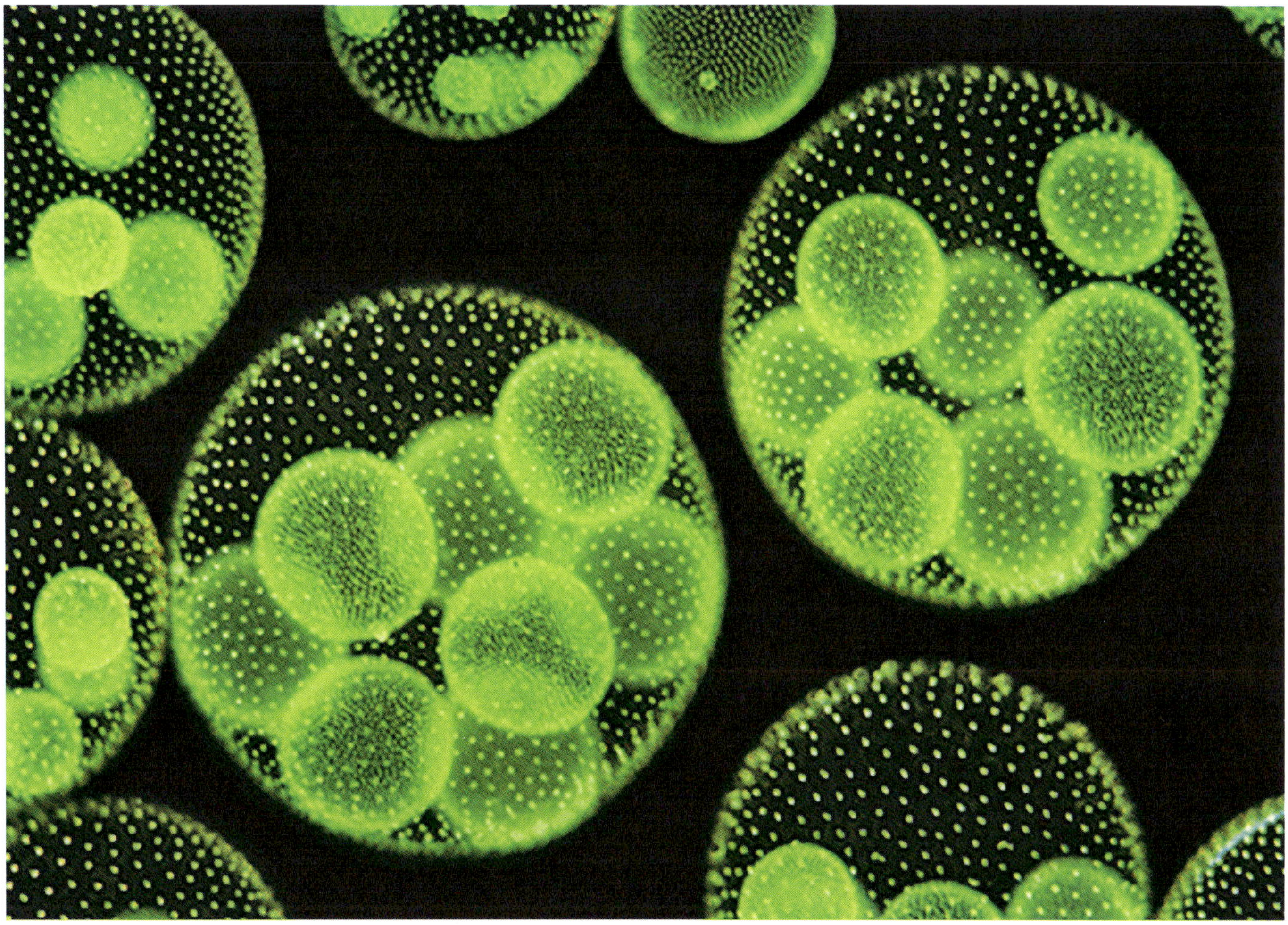

Le phytoplancton est la clé de voûte du réseau alimentaire de toutes les espèces océaniques. Il produit la moitié de l'oxygène que nous respirons, l'autre moitié étant produite par les plantes à terre.

Mesurer l'oxygène dissous dans l'eau de mer

L'oxygène est essentiel à la vie de toutes les espèces de la planète, animales et végétales. À terre, l'oxygène est dans l'air (21 % de la composition de l'atmosphère) ; en mer, il est dissous dans l'eau (un litre d'eau de mer contient 35 fois moins d'oxygène qu'un litre d'air). Sa concentration est le résultat de processus biologiques tels que la production par la photosynthèse du phytoplancton et la consommation par la respiration de toutes les espèces. Elle dépend aussi d'échanges océan-atmosphère liés à la température de l'eau qui détermine la quantité d'oxygène qu'elle peut contenir. En hiver, les océans se refroidissent et absorbent de l'oxygène, alors qu'ils en émettent en été lorsqu'ils se réchauffent. Avec le réchauffement climatique, les eaux chaudes se désoxygènent et se maintiennent dans les 100 premiers mètres, privant ainsi les eaux plus profondes de leur apport en oxygène.

Un autre facteur de la désoxygénation des océans est le rejet à la mer par ruissèlement dans les rivières et les fleuves de déchets organiques, d'engrais agricoles riches en azote et phosphate. Ces derniers fertilisent à outrance le phytoplancton, ainsi que des algues qui prolifèrent et dont la décomposition par des bactéries est un phénomène qui consomme beaucoup d'oxygène. Cette désoxygénation ne concerne pas seulement les côtes, mais tout l'océan touché par les courants marins infectés. Depuis 1960, la diminution de la quantité d'oxygène océanique est estimée entre 1 à 2 %. Dans certains secteurs d'océan, elle atteint des valeurs critiques et les animaux marins y meurent asphyxiés. Les poissons sont les premiers touchés, avec un impact négatif sur l'économie et la sécurité alimentaire de certains pays. Pour la mesure et la surveillance des niveaux d'oxygène, *Persévérance* est équipée d'un capteur automatique de mesure en continu de l'oxygène dissous permettant d'identifier les régions les plus à risques.

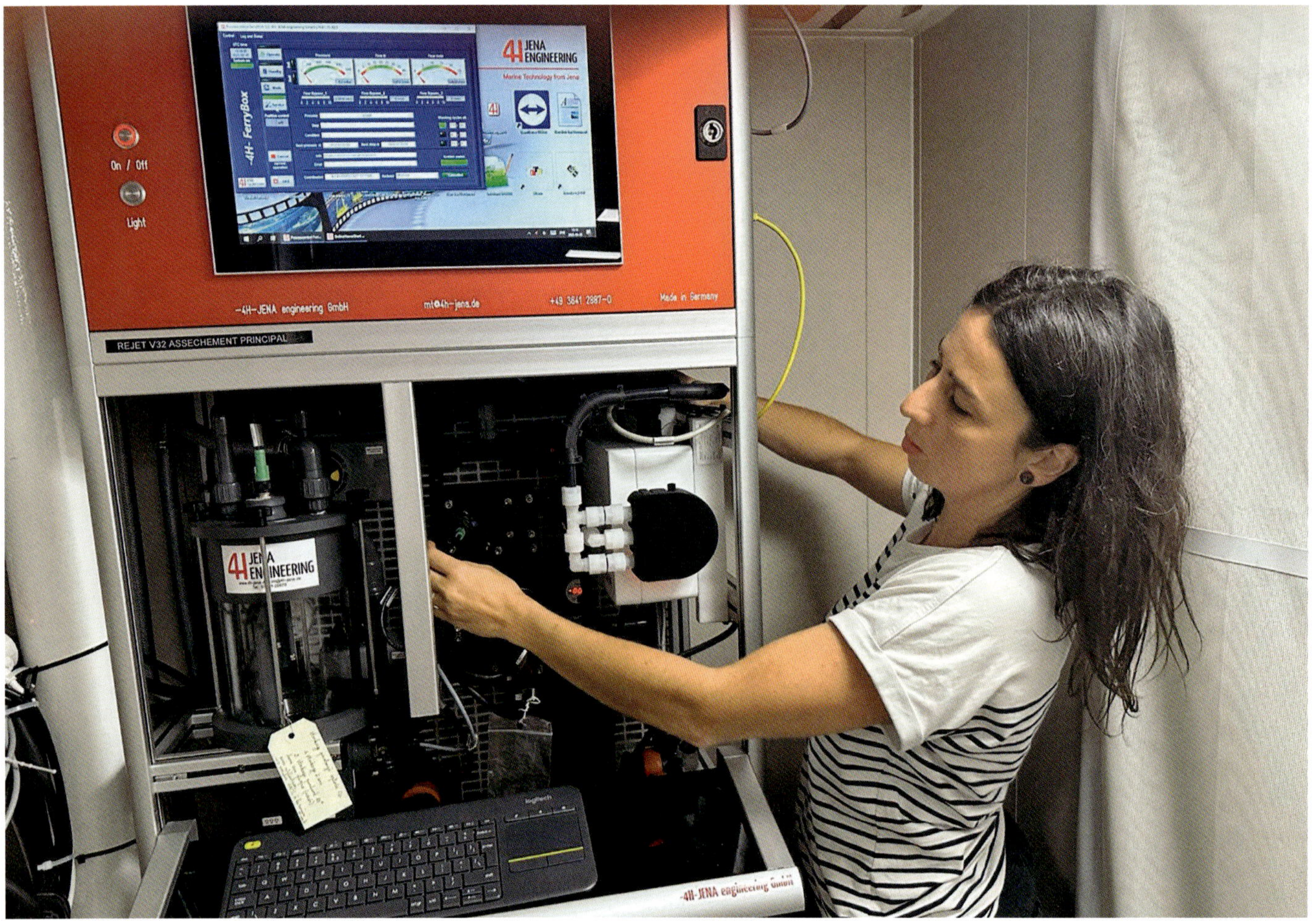

Capter et analyser la composition de l'air et de l'océan

Une FerryBox 4H Jena mesure en flux des données sur l'océan de surface. La température et la salinité sont deux valeurs qui permettent d'identifier une masse d'eau et les courants marins, ce qu'on appelle la « circulation thermohaline ». La chlorophylle, le pigment vert du phytoplancton, dont la mesure dans les couches superficielles de l'océan est un indicateur de la production primaire, est la clé de voûte du réseau alimentaire de toutes les espèces océaniques. Une mesure très suivie est l'évolution du PH de l'eau ; en effet, 25 % des émissions de dioxyde de carbone sont absorbées par l'océan et se transforment en acide carbonique corrosif pour des planctons à coquilles calcaires (coccolites et diatomées) et le corail. L'analyse de l'eau de mer en continu détecte les particules anthropiques : pesticides, organochlorés, mercure, microplastiques. À partir d'une aspiration d'air installée en haut du mât, on analyse la chimie de l'atmosphère à la surface de l'océan : ozone, oxyde d'azote, monoxyde de carbone, mercure gazeux atmosphérique, spectre granulométrique des particules, radon. L'impact dans la haute atmosphère est évalué par un Photon-Aeronet, un photomètre de dernière génération qui détecte les aérosols ; il s'agit de fines particules en suspension dans l'atmosphère, d'origine naturelle (poussières désertiques, embruns marins, cendres volcaniques), mais en majorité d'origine humaine, car essentiellement produites par la combustion des énergies fossiles, les incendies et autres processus chimiques industriels. Les aérosols contribuent à la production de nuages, à la dégradation de la couche d'ozone, aux phénomènes de smogs ou encore aux pluies acides.

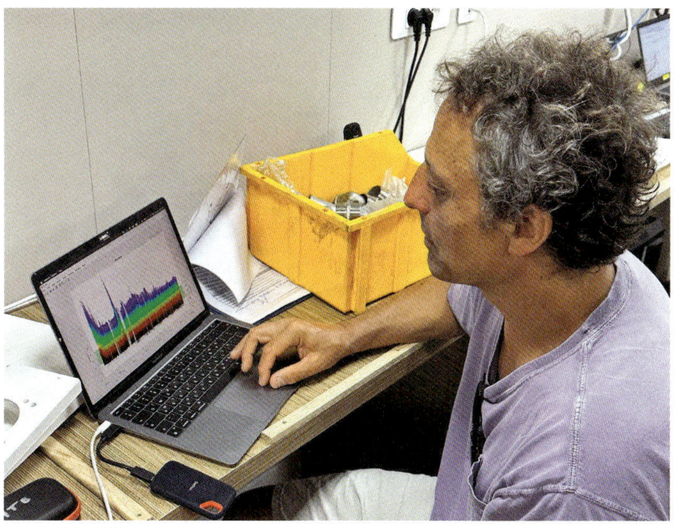

« LES SATELLITES D'OBSERVATION DE LA TERRE SONT DEVENUS ESSENTIELS À LA CONNAISSANCE ET AU SUIVI DES ÉCOSYSTÈMES OCÉANIQUES. »

Calibrer et valider les mesures satellites

Le navire *Persévérance* est équipé de trois systèmes de mesure, financés par la NASA, dans le but d'améliorer l'interprétation et l'utilité des observations satellitaires actuelles et futures de l'océan. Ces observations doivent être effectuées dans un maximum de lieux et de conditions possibles afin de détecter si et où des biais existent dans les descripteurs de l'écosystème et de la biogéochimie de la couche supérieure de l'océan, dérivés des mesures satellitaires.

Actuellement, la seule façon d'étudier les écosystèmes océaniques à l'échelle d'une journée et à l'échelle de l'océan entier est d'utiliser les satellites d'observation de la Terre qui mesurent la lumière du soleil réfléchie par l'océan. Ce signal est cependant perturbé par l'interaction de la lumière avec l'atmosphère terrestre. Des solutions ont été créées pour supprimer l'influence atmosphérique. Pour valider la correction et pour relier la réflectance de l'océan aux propriétés de l'océan, une bouée est déployée depuis *Persévérance*. Elle est dotée d'un radiomètre orienté vers le haut et vers le bas, imitant la mesure satellitaire mais sans l'interférence atmosphérique. La concordance avec les mesures satellitaires – c'est-à-dire la vérification du degré de correspondance entre les mesures satellitaires et celles de la bouée pour le même emplacement et le même moment – aide à tester le degré de succès des approches actuelles. C'est le processus appelé validation.

En parallèle, un système en ligne a été installé sur le *Persévérance*, mesurant en continu les propriétés optiques de l'océan à partir de l'eau pompée dans le navire (en conjonction avec la FerryBox). Ces propriétés fournissent des indicateurs pour plusieurs paramètres biogéochimiques importants tels que la chlorophylle A, les pigments phytoplanctoniques, les matières organiques particulaires et un indice de taille des particules. Ces mesures sont utiles pour valider les produits dérivés de la télédétection satellitaire de la couleur de l'océan. De plus, ces mesures fournissent une description de la distribution spatiale des paramètres de l'écosystème, nécessaire pour tester et améliorer les modèles décrivant l'écosystème et la biogéochimie de l'océan.

Enfin, à l'aide d'un nouveau filet et d'un système de filtration, du matériel génétique est collecté lorsque le ciel est dégagé de nuages. Ces données serviront à un nouvel algorithme basé sur l'apprentissage automatique (grâce à l'intelligence artificielle) qui reliera les observations satellitaires à la biodiversité et aux caractéristiques de l'écosystème planctonique. Un microscope simple mais puissant est utilisé en complément des analyses génétiques.

accenture
International
by AkzoNobel
MACIF
EDF
POLARPOD

Écouter la faune sous-marine

En mer, depuis le pont de *Persévérance*, on s'émerveille du souffle des mammifères marins. À bord, les signaux acoustiques sont captés par un hydrophone spécialement profilé pour être silencieux et tiré en permanence à 50 mètres du bateau avec un câble conducteur. La lecture des signaux permet de dresser un inventaire en continu de la faune sous-marine – cachalots, baleines, orques, phoques, éléphants de mer... Les signaux d'intérêt sur la biodiversité sont annotés par les experts du CIAN (Centre international d'IA en acoustique naturelle) et diffusés avec leurs descriptifs dans notre réseau pédagogique.

« LA LECTURE DES SIGNAUX ACOUSTIQUES PERMET DE DRESSER UN INVENTAIRE EN CONTINU DE LA FAUNE SOUS-MARINE. »

« Quel temps avez-vous ? »

Dans les communications avec la terre, c'est en général la première question qui est posée aux navigateurs sur un bateau à voile. *Persévérance* est équipé d'une centrale Mercury de Météo France qui envoie les données plusieurs fois par jour par liaison satellite – température, hygrométrie, pression atmosphérique, température de l'eau et vitesse du vent – grâce à un anémomètre ultrasonique, très précis, placé en tête de mât. La météo conditionne la vitesse, les adaptations de cap, la sécurité des manœuvres, la vie à bord, l'ETA (*estimated time of arrival*) dans un port où l'on est attendu. La météo est le paramètre suivi avec le plus d'attention par les marins.

« LA MÉTÉO EST LE PARAMÈTRE SUIVI AVEC LE PLUS D'ATTENTION PAR LES MARINS. »

L'EXPLORATION

LES EXPÉDITIONS DE *PERSÉVÉRANCE*

À bord de *Persévérance*, nous avons déjà parcouru les deux pôles et partageons avec émerveillement notre expérience, notre lecture de ces régions isolées du monde en pleine mutation, qui sont sournoisement impactées à distance par nos intenses activités de plus en plus prégnantes.

ON A « OUVERT LA PORTE DU FRIGO » DE LA TERRE

Depuis une trentaine d'années, loin du bruit de fond du monde, les pôles Nord et Sud sont devenus les sentinelles de l'impact des activités humaines sur l'écologie planétaire. Ce dont la recherche océanographique a le plus besoin, c'est de temps en mer, pour capter, observer, mesurer, collecter des données indispensables à la connaissance de la dynamique de l'océan mondial et son équilibre biogéochimique menacé. Il n'y a plus à attendre, il faut sillonner l'océan pour mesurer, informer et éduquer l'humanité qui a cru trop longtemps que l'immense océan était si grand et si profond qu'on pouvait s'y délester de tous nos déchets. Aujourd'hui, l'océan souffre de notre irrespect, avec des conséquences sur l'humanité qui se profilent. On y a découvert la destruction lente et insidieuse de la couche d'ozone stratosphérique par les chlorofluorcarbures (CFC). Les campagnes de carottage de la calotte antarctique et du Groenland nous livrent les archives du climat de la Terre

et l'indiscutable preuve que l'homme est devenu un acteur du réchauffement climatique depuis le début de l'ère industrielle. Bénéficiant du progrès considérable et de la miniaturisation des instruments de mesure, les biologistes auscultent à distance l'intimité de la faune polaire, des espèces qui ont relevé le défi biologique de s'installer aux frontières de la vie, des frontières qu'aujourd'hui nous transgressons. À bord de *Persévérance*, les scientifiques se relaient pour garantir l'avancée de la recherche scientifique et travaillent autour de quatre axes :

- **Les échanges atmosphère-océan**
- **L'inventaire de la faune**
- **Les impacts anthropiques**
- **La validation des mesures satellitaires**

L'OCÉAN ARCTIQUE CHANGE DE COULEUR

Les images satellites de l'océan Arctique mettent en évidence une régression annuelle de la surface de la banquise à la fin de l'été. Le réchauffement climatique est à l'œuvre, mais cette régression s'accélère d'une année à l'autre car l'Arctique change de couleur, perd ce qu'on appelle « l'effet albédo » – la capacité d'une surface blanche à refléter le rayonnement solaire. La disparition de la banquise met au jour des surfaces d'eaux libres, sombres, qui captent le rayonnement solaire et accélèrent la fonte de la glace à proximité. De plus, cette eau plus chaude gèlera plus tardivement. Ainsi, la banquise pluriannuelle, de 2 mètres d'épaisseur en moyenne, disparaît progressivement, remplacée par celle de l'année, de moins d'un mètre d'épaisseur, qui fondra totalement à la fin de l'été. Dans un contexte de réchauffement climatique, l'Arctique est particulièrement touché : plus 4 °C de température moyenne en soixante-dix ans dans certaines régions.

Le climat est une machine thermique alimentée par l'échange entre la chaleur constante des tropiques et le froid des pôles ; on a « ouvert la porte du frigo » au pôle Nord, et ce froid va de plus en plus manquer à l'équilibre du climat de la Terre.

La banquise réfléchit le soleil, c'est l'effet albédo. Lorsque l'océan est libre de glace, il l'absorbe. Ainsi, l'eau de surface se réchauffe, ce qui accélère la régression progressive de la banquise.

LA RÉVÉLATION DU « TROU D'OZONE »

C'est en Antarctique, à la station ukrainienne Akademik-Vernadsky, nommée ainsi en l'honneur de Vladimir Vernadsky, minéralogiste et chimiste ukrainien, que le trou dans la couche d'ozone atmosphérique a été décelé et où l'évolution est toujours suivie. Nous sommes allés à la source même de l'information sur cette menace planétaire détectée dans les années 1970. Après un échange téléphonique, Bogdan Gavrylyuk, le chef de la station, nous invita à leur rendre visite. Le responsable scientifique nous fit un exposé sur l'ozone et le suivi du spectre des rayons ultraviolets (UV) qu'ils recevaient du soleil.

Les UV-A représentent 95 % des UV qui atteignent la surface de la Terre ; ils sont responsables du bronzage et ils sont aussi nécessaires chez l'enfant pour la synthèse de la vitamine D. Les UV-B ne représentent qu'une minorité, mais ils sont déjà bien plus cancérigènes. Les UV-C sont les plus dangereux ; normalement ils n'atteignent pas la surface de la Terre, ils sont entièrement filtrés par la couche d'ozone de la haute atmosphère. Mais ici, à partir de 1975, le niveau des UV-C reçus à la station n'a cessé de s'accroître. Les scientifiques du British Antarctic Survey ont découvert que depuis le milieu des

années 1970 les valeurs d'ozone baissaient régulièrement lorsque le soleil réapparaissait chaque printemps. En dix ans, le taux atmosphérique de l'ozone au-dessus de l'Antarctique a chuté de 40 %, le fameux « trou d'ozone » était en train de se creuser et de s'élargir au-delà de la calotte glaciaire, sur l'océan Austral. Les océanographes craignaient à juste titre que les UV-C, très actifs, provoquent des mutations cellulaires et des destructions du phytoplancton, ce qui pourrait avoir des conséquences sur l'ensemble de la faune polaire antarctique, car, rappelons-le, ces microalgues représentent le premier maillon du réseau alimentaire de toutes les espèces marines. Quelque chose dans la stratosphère (à environ 20 kilomètres au-dessus de la Terre) détruisait la couche d'ozone de l'Antarctique. Les scientifiques confirmaient qu'il ne pouvait s'agir d'un phénomène naturel. Deux chercheurs américains mettaient en évidence que la destruction de l'ozone était due aux chlorofluorcarbures. Ces molécules chlorées étaient abondamment utilisées dans l'industrie des réfrigérateurs, des climatiseurs, dans les bombes aérosols, les solvants, les produits de lutte contre les incendies et une multitude d'autres qui ne cessaient de s'étendre.

Mais pour quelles raisons ce trou dans la couche d'ozone apparaissait-il dans le ciel du pôle Sud ? En 1986, une expédition en Antarctique dirigée par Susan Solomon, professeure de chimie de l'atmosphère au MIT, allait élucider les conditions particulières contribuant à la destruction de l'ozone. Tout se passe dans la stratosphère, entre 20 et 50 kilomètres d'altitude, où, à la fin de l'hiver, la température atteint moins 80 °C. Dans ce froid extrême, propre à l'Antarctique, c'est là qu'au mois de septembre, à la fin de la nuit polaire, les CFC sont décomposés par les premiers rayons de soleil. Le chlore est alors libéré du CFC et va détruire l'ozone. Le trou ainsi formé laisse passer tous les rayons ultraviolets du soleil, notamment les UV-C, les plus dangereux. L'alarme avait sonné et les grandes entreprises de la chimie furent sommées de trouver des produits de substitution. Le 16 septembre 1987, sous l'égide du Programme des Nations unies pour l'environnement, 24 pays parmi les plus industrialisés signèrent le Protocole de Montréal sur l'arrêt de la production des CFC. Il fut ratifié le 16 septembre 2009 par l'ensemble des 197 membres de l'ONU, ce qui en fait le seul traité universel. Pour l'ONU, le Protocole de Montréal est « le traité ayant eu le plus large succès dans l'histoire des Nations unies ».

« LE TROU DANS LA COUCHE D'OZONE RÉVÉLA QUE L'HOMME POUVAIT DANGEREUSEMENT MODIFIER LA COMPOSITION DE L'ATMOSPHÈRE, LE RÉCHAUFFEMENT CLIMATIQUE EN EST UNE ILLUSTRATION. »

Le spécialiste de l'atmosphère de la station Akademik-Vernadsky nous confirma qu'à cette vitesse moyenne de reconstitution, la couche d'ozone devrait revenir en 2060 à sa valeur d'avant 1970. Qui aurait parié sur la renommée mondiale de ce gaz rare, inconnu du public, qui ferait la couverture de tous les magazines et l'ouverture des journaux télévisés de la planète ? Le « trou d'ozone » fut un puissant révélateur : pour la première fois, l'homme était contraint de reconnaître que ses activités pouvaient modifier la composition de l'atmosphère, jusqu'à rendre la planète inhabitable si des mesures à l'échelle mondiale n'étaient pas prises à temps.

« LA COUCHE D'OZONE DEVRAIT REVENIR EN 2060 À SA VALEUR D'AVANT 1970. »

LA GÉORGIE DU SUD, LE SANCTUAIRE DU MASSACRE DES BALEINES

Après trois jours de mer, nous arrivâmes à Grytviken, un village baleinier en ruine. Quelle tristesse ! Bâtiments industriels dégradés, citernes de graisse géantes oxydées, moteurs éventrés enfoncés dans la boue, vieux baleiniers échoués, chaînes en acier de gros calibre rouillées avec lesquelles on hissait à terre le corps des baleines. La grève est jonchée de côtes et de mandibules abandonnées depuis la fin du massacre. Seule la chapelle en bois peinte en blanc tient encore debout. Grytviken est le symbole d'un acharnement humain, jusqu'à dépeupler l'océan d'innocentes baleines.

Tout a commencé dans l'hémisphère Nord, à partir du XVIIIe siècle. Au nord du Spitzberg, certains étés fastes on dénombra jusqu'à 200 navires ; entre 1 000 et 2 000 baleines franches boréales étaient tuées. Un des vestiges, Smeerenburg, qui signifie « la ville de la graisse » en néerlandais, fut abandonné dès 1660, soit quarante-trois ans après sa construction, les baleines franches du Groenland ayant été décimées dans le secteur. À cette époque lointaine, le harponnage se faisait avec des méthodes de chasse artisanales, à la seule force de l'homme, et on parlait déjà de dissémination d'une espèce ; alors, imaginez par la suite ! Au siècle suivant, la chasse prit en Europe une ampleur jusque-là inconnue. Anglais, Français, Norvégiens et de très nombreux Hollandais – qui ont compté jusqu'à 400 navires baleiniers au XIXe siècle – sillonnaient les mers à la recherche des précieux cétacés.

La multitude des ressources qu'offraient les mammifères marins était devenue indispensable au quotidien des Européens. Dans les fanons, on taillait des baleines flexibles et rigides pour les soutiens-gorge, les corsets, les cols des chemises ou encore les parapluies. Les intestins étaient utilisés pour fabriquer des cordages et la peau servait à la confection de ceintures. L'huile était massivement utilisée pour l'éclairage urbain – qui se développait dans les capitales –, la fabrication de savons,

Le volume des silos d'huile de baleine illustre la dimension du carnage.

PETRE

mais aussi de parfums et de cosmétiques ; elle servait également à graisser les machines, à tanner les cuirs. Les enjeux étaient comparables à ceux que représentera le pétrole un siècle plus tard avec la même cadence de production. L'huile de baleine a été l'or gras, bien avant l'or noir. À cet essor de l'industrie baleinière croissante vinrent s'ajouter les chasseurs de la côte est américaine. C'étaient des milliers d'emplois pour la construction navale, la fabrication des barils de graisse et l'exploitation forestière afférente. Plus de 150 baleiniers américains écumaient l'océan jusqu'à la frontière de la banquise, recueillant 200 000 barils d'huile en une seule saison. Leurs victimes furent tout d'abord les baleines franches, puis les compagnies s'attaquèrent à d'autres espèces, notamment aux cachalots dans la région des Açores. Les choses empirèrent encore durant la seconde moitié du XIXe siècle car la chasse s'industrialisa. En 1864, le Norvégien Svend Foyn arma une flotte de baleiniers à vapeur équipés de harpons à tête explosive de sa fabrication. Propulsé par un canon, le harpon, lancé à une cinquantaine de mètres, s'enfonçait profondément dans la chair de la baleine. L'animal, en se défendant, signait son arrêt de mort ; la tension qu'il exerçait sur la corde ouvrait les ardillons en étoile, empêchant le harpon de sortir, et déclenchait une explosion assassine. C'était une déclaration de guerre mondiale contre toutes les populations de cétacés.

Les Norvégiens, qui étaient à la pointe du combat – ils fournissaient 70 % de la production mondiale d'huile de baleine –, étendirent leurs installations aux îles Féroé, Shetland, aux Hébrides, en Irlande... Et, après avoir en partie décimé les populations de baleines de l'hémisphère Nord, c'est vers l'Antarctique qu'ils déplacèrent leurs entreprises.

En 1904, le Norvégien Larsen construisit Grytviken. Les progrès de la chimie mirent en évidence d'autres usages inattendus du corps des cétacés. Pendant la Première Guerre mondiale, l'industrie baleinière devint un fournisseur de glycérine, à partir de laquelle était fabriquée la nitroglycérine, un composant de la dynamite. Cet explosif servait aussi à l'exploitation minière et aux chantiers du réseau routier en plein développement. Dans les années 1920, des scientifiques établirent que l'injection intraveineuse d'insuline extraite du pancréas de porc – l'animal avec lequel nous avons le plus de proximité biologique – diminue la glycémie des personnes diabétiques.

« LA GRÈVE EST JONCHÉE DE CÔTES ET DE MANDIBULES GÉANTES. »

L'insuline était alors produite à des fins thérapeutiques à partir de pancréas de porc et de bœuf. Compte tenu de ces bons résultats, l'industrie baleinière proposa l'insuline de pancréas de cétacés, bien plus volumineux que celui de nos animaux domestiques. Plus tard, en 1950, un médecin américain découvrit les bienfaits de l'ACTH sur les rhumatismes. Cette hormone était extraite de l'hypophyse des porcs, jusqu'à ce que les Norvégiens, comme pour le pancréas, proposent des hypophyses de baleine 100 fois plus volumineuses. Le dépeçage devint alors chirurgical : des spécialistes venaient sur place disséquer la base du cerveau des cétacés géants. Au cours de la première saison (1950-1951), 9 250 hypophyses furent ramenées de Géorgie du Sud, soit l'équivalent de près d'un million d'hypophyses de porc. On découvrit aussi que le foie des baleines était très riche en vitamines A, B et B12. Et il fut commercialisé. Fort heureusement, la synthèse chimique de ces médicaments mit fin à cette exploitation médicale après une dizaine d'années. La multiplication des bateaux-usines et l'intense activité des stations à terre commencèrent à inquiéter les biologistes quant au risque d'extermination qui se profilait. Il devint évident que la chasse devait impérativement être gérée par un organisme indépendant. La Commission baleinière internationale (CBI) fut créée le 2 décembre 1946. Elle avait pour objectif de conjuguer la conservation des populations de baleines et l'industrie baleinière, ce que nous appelons aujourd'hui un « objectif de développement durable ». Cette alliance contre-nature provoqua le massacre des plus grandes baleines et amena leurs populations au bord de l'extinction. Aujourd'hui, malgré la poursuite de la chasse par certains pays, comme la Norvège, le Groenland ou le Japon, la CBI a la voie libre pour faire de l'océan Austral, cet océan qui unit les eaux de l'Atlantique, de l'Indien et du Pacifique, un immense sanctuaire pour les cétacés. Ce n'est que justice pour les descendants ; entre 1904 et 1978, 1 432 862 mammifères marins ont été capturés, dont on a extrait 13 893 397 tonnes d'huile.

« CE VILLAGE FANTÔME SENT TOUJOURS LA MORT. »

Ici, à Grytviken, où des milliers de baleines furent dépecées, découpées en lamelles et fondues, ce village fantôme sent toujours la mort. Des colonies de manchots papous traversent en se dodelinant des rues désertes encore jonchées de scories. Çà et là, des groupes d'éléphants de mer sont paisiblement avachis entre des ferrailles effondrées, rongées par le temps et les intempéries. Une fois l'homme parti, ces autochtones ont repris possession du territoire sur les lieux du massacre qu'ils semblent avoir oublié. J'avais sous les yeux l'illustration que la nature est tout ce qui échappe à la volonté de l'homme et qui lui survivra.

Captures dans l'océan Austral de 1904-1978

Baleines bleues : 331 042
Rorquals communs : 692 084
Baleines à bosse : 68 307
Rorquals boréals : 149 735
Cachalots : 143 020
Petits rorquals : 39 608
Espèces mal recensées : 9 066
Total : 1 432 862

83 360 382 barils d'huile ont été produits.

Un manchot papou et son poussin. Il le nourrit de krill et de poisson qu'il va chasser jusqu'à 200 mètres de profondeur.

Page précédente : la plus grande colonie au monde de manchots royaux en baie de Saint-Andrews, en Géorgie du Sud.

LES PÔLES, ARCHIVES GLACIAIRES DU CLIMAT DE LA TERRE

Les calottes glaciaires de l'Antarctique et du Groenland sont des acteurs majeurs de la régulation du climat de la Terre dont elles détiennent les archives. Quand il neige, les flocons s'accumulent sur le sol, formant une couche légère que l'on nomme la poudreuse. Cette couche va peu à peu se tasser pour devenir de la neige dure et de la glace. L'air emmagasiné dans la poudreuse est comprimé en petites bulles microscopiques dont la composition est celle de l'atmosphère au moment de la précipitation neigeuse. Dans les années 1970, l'idée de prélever des échantillons de glace pour mesurer l'évolution de la composition de l'atmosphère fit son chemin. Les progrès technologiques menés par Robert Delmas aboutirent à des mesures fiables du gaz carbonique piégé dans la glace. C'est une découverte majeure dans la perspective d'explorer l'histoire du climat de la Terre, qui fut publiée dans la revue *Nature* en mars 1980. Au laboratoire du CEA de Saclay, Jean Jouzel, futur vice-président du GIEC (groupe d'experts intergouvernemental sur l'évolution du climat), découvre que les isotopes de l'eau dans la glace polaire permettent de déterminer la température à laquelle la neige s'est formée. Le lien est fait entre la température de l'atmosphère et la teneur en dioxyde de carbone.

Il faut aller en Antarctique chercher les archives du climat dans les carottes de glace profonde. Le laboratoire de glaciologie de Grenoble est en pointe sur le sujet. En 1984, Claude Lorius lance une collaboration avec les Américains et les Soviétiques pour un carottage profond à 2 000 mètres à la base russe de Vostok en plein cœur de l'Antarctique. Une belle coopération internationale en pleine guerre froide, au point le plus froid de la planète ! L'étude de cette carotte polaire fera la une de *Nature* en 1987. Elle confirme que le CO_2 atmosphérique

C'est au Dôme C, à la base franco-italienne *Concordia*, qu'a débuté la mission EPICA en 1995. En janvier 2025, le consortium Beyond EPICA, avec le CNRS et l'Institut polaire français, a remonté un échantillon de glace qui fournirait l'histoire du climat jusqu'à 1,5 million d'années.

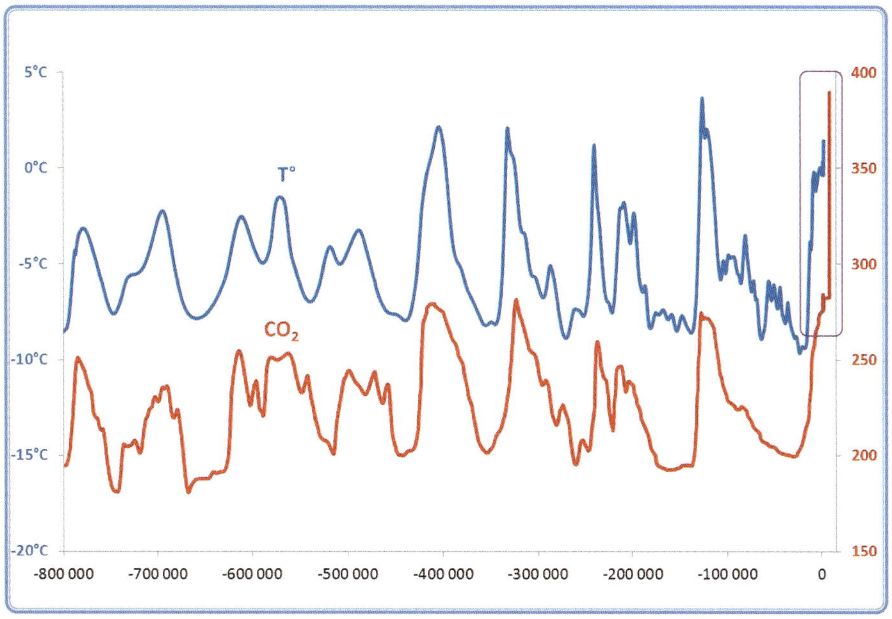

Évolution depuis 800 000 ans de la température de la planète et de la concentration en CO_2 dans l'atmosphère

(Écart de température par rapport à la moyenne 1000-2000 en °C, et concentration en CO_2 en ppm)
(Sources : forages glaciaires EPICA Dôme C et Law)

varie de concert avec la température de l'atmosphère. Elle met aussi en évidence que ces deux courbes conjointes, CO_2 et température, oscillent sur des centaines de milliers d'années. Ces ondulations dans le temps montrent que le climat de la Terre est fait d'alternances naturelles, entre périodes glaciaires froides et périodes interglaciaires chaudes. Ces grandes phases climatiques sont dues aux variations de la position de la Terre par rapport au Soleil, variations de l'orbite, de l'inclinaison de l'axe de rotation, des lois formulées en 1941 par le géophysicien serbe Milankovitch.

En 2004, la campagne de forage EPICA, menée à Dôme C au cœur du continent blanc, avait collecté une carotte de 3 260 mètres, permettant de retracer le climat des derniers huit cent mille ans, soit huit cycles climatiques. Selon Jouzel, l'analyse des carottes de glace démontre que pendant les périodes glaciaires il y a moins de CO_2 dans l'atmosphère et que pendant les périodes chaudes il y en a davantage, et le CO_2 amplifie naturellement le réchauffement de la planète.

Mais l'accélération massive de nos émissions de CO_2 dépasse la vitesse de la nature à le recapturer comme il en était avant le déploiement de l'ère industrielle. À l'occasion d'une conférence sur l'Antarctique que j'avais faite avec Claude Lorius, celui-ci avait montré ces ondulations du climat dans le temps long, mettant en évidence que la Terre a sa vie propre. Il avait surtout pointé du doigt l'évolution du climat depuis cent cinquante ans, le début de l'ère industrielle, une montée rapide et conjointe de la température et de la teneur en gaz carbonique de l'atmosphère. Le constat est sans ambiguïté, le réchauffement de la Terre est sans précédent depuis des centaines de milliers d'années, l'homme est bien l'acteur du réchauffement climatique. Et Claude Lorius avait prononcé ces mots, « le processus est enclenché », illustrant l'inertie colossale du phénomène climatique en train de se mettre en place.

Nous n'avons pas d'autre choix pour limiter les désastres climatiques en train d'émerger que de mettre en œuvre en urgence toutes les solutions bien identifiées pour atteindre au plus vite la neutralité carbone. C'est l'objectif 2050, faire en sorte que les émissions de CO_2 ne dépassent pas les capacités de la nature à le recapturer.

« IL FAUT ALLER EN ANTARCTIQUE CHERCHER LES ARCHIVES DU CLIMAT DANS LES CAROTTES DE GLACE PROFONDES. »

PERSEVERANCE

AU ROYAUME DE L'OURS

Longyearbyen, la capitale et la seule ville de l'archipel norvégien du Svalbard, est devenue la porte du rêve des voyageurs attirés par la découverte des régions polaires. Sur cette île située à l'extrême nord de l'Arctique, la nature est placée sous la haute protection de l'État norvégien. On ne navigue plus ici sans montrer patte blanche ; il faut impérativement répondre aux critères, aux exigences imposées par ce gouvernement régional. Les consignes environnementales sont rigoureuses pour la protection d'une faune et d'une flore spécifiques qui au fil des millénaires se sont adaptées à des conditions climatiques extrêmes, aux frontières de la vie.

Au Spitzberg, la navigation est essentiellement côtière et on passe du temps à observer à la jumelle. Les poils de l'ours sont souvent d'une couleur ivoire, si bien qu'un mammifère allongé en train de faire la sieste peut être confondu avec un rocher clair. Ça peut être très trompeur, on parle de « caillours », même les plus affûtés s'y méprennent. L'été, l'ours se balade souvent au pied des falaises en quête d'oiseaux morts, de renards, des broutilles pour ce géant carnassier. L'idéal est lorsqu'il arrive à surprendre un phoque qui se prélasse sur un morceau de glace flottante. Même si l'ours polaire, *Ursus maritimus*, est un bon nageur, il ne peut rivaliser avec l'agilité du pinnipède. Son terrain de chasse favori est la banquise où il a une technique imparable, la chasse

à l'affût, dont se sont inspirés les Esquimaux. Le phoque, qui nage sous la glace pour chasser la morue arctique, entretient des trous de respiration. Chaque fois qu'il refait surface, l'air humide de son expiration fait un tas de poussière de glace, sorte de taupinière polaire facilement repérable. C'est là que l'ours l'attend patiemment… Quand le phoque sort sa gueule pour respirer, le malheureux est violemment crocheté d'un redoutable coup de griffes et projeté sur la banquise. Le phoque, qui se meut par petits sauts, ne peut échapper au puissant carnassier qui va s'offrir un festin de chair et de graisse avalé en moins d'une heure, avant de s'effondrer pour une longue sieste. La banquise est le seul et véritable garde-manger de l'ours. Affamé par la longue nuit polaire, le plantigrade refait ses réserves au printemps ; à ce moment, il peut manger jusqu'à un phoque par jour. Proche de Longyearbyen, *Persévérance* avançait lentement quand soudain le miracle advint : un géant blanc comme neige émergea au pied de la falaise, un magnifique mâle d'une demi-tonne, haut sur pattes, sûr de lui, avançait à pas lents. Nous étions sidérés par cette proximité, le silence était plus fort que les mots. Notre présence lui était indifférente, ici l'ours est le chef, il n'a pas de prédateur et ne craint personne. Il tourna son regard vers nous dans une totale indifférence et continua sa route comme si nous n'avions pas existé. Mais quel est l'avenir de ce roi dans un royaume en régression territoriale ?

Page suivante : les morses sont des mammifères marins emblématiques de l'Arctique, caractérisés par de longues défenses et une épaisse couche de graisse. Ils vivent en troupeaux et se nourrissent de mollusques sur le plancher de l'océan.

L'OURS POLAIRE, UN INFATIGABLE MARCHEUR

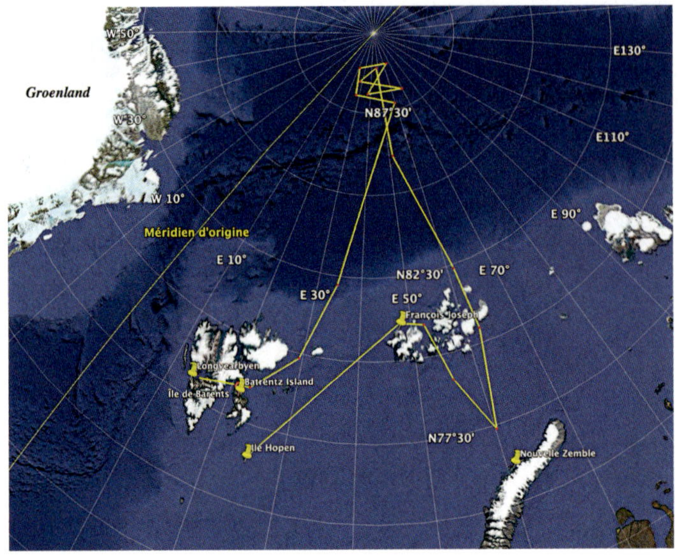

Même si l'ours polaire est un mammifère marin, il n'est pas un bon nageur. Lors d'une visite à l'université du Svalbard, Hans Krieg m'avait montré le trajet parcouru en un an par un mâle de 600 kilos qu'il avait équipé d'une balise Argos. Après le marquage au printemps sur l'île Hopen, il est parti vers le nord-est en direction des îles François-Joseph. Il est ensuite descendu vers la Nouvelle-Zemble, qu'il n'a pas atteinte, et il a fait demi-tour pour remonter très haut jusqu'à 88° 30' N. Il est resté là tout l'été dans les hautes latitudes, avant de redescendre vers le Spitzberg où il est arrivé en novembre, au début de la nuit polaire. Il a hiverné sur l'île Barents puis il est venu tranquillement jusqu'ici, à Longyearbyen, où les services de sécurité l'ont endormi et transporté en hélicoptère sur la côte est.

L'ARCTIQUE ET SES CATHÉDRALES AUX OISEAUX DE MER

Avant de partir vers la côte nord-est du Spitzberg, nous sommes allés dans le fjord où, trente ans plus tôt, on avait hiverné avec *Antarctica*. On nous a interdit de nous approcher plus à cause de la menace de coups sur le crâne par les sternes arctiques. Ces oiseaux volubiles se ruaient sur nous en poussant des cris aigus, bien déterminés à nous éloigner de leur lieu de nidification que l'on découvrait. Ce magnifique voltigeur au bec rouge est célèbre pour ses grandes migrations. Après sa reproduction en Arctique pendant l'été, il s'envolera vers le sud, parcourant des dizaines de milliers de kilomètres en mer pour aller passer l'été en Antarctique. Quel mystère de la nature est à l'origine de ce pèlerinage annuel, indéfectible programmation ?

Après quelques jours d'explorations de fjords, l'objectif était d'atteindre l'emblématique falaise Alkefjellet – « la falaise aux oiseaux » en norvégien. *Persévérance* dérivait lentement le long de cette muraille, haute de quelques centaines de mètres sur plus d'un kilomètre de long. Ici, 100 000 guillemots de Brünnich reviennent tous les ans nicher sur cette falaise abrupte sur la mer. Fin mai-début juin, la femelle pond son œuf unique, à même la roche, sur une petite plateforme de quelques centimètres de large. L'œuf a une forme de poire ; cela lui permettra de rouler sur lui-même sans tomber des étroites corniches à cause des mouvements incessants des parents qui se relaient pour le couver. Après l'éclosion, les parents continueront à tour de rôle d'alimenter le petit guillemot pendant une vingtaine de jours jusqu'à ce qu'il soit prêt à s'envoler.

Depuis *Persévérance*, à une bonne distance de la falaise, on ne pouvait appréhender à l'œil nu cette concentration de centaines de milliers de guillemots de Brünnich car la couleur noire des plumes du dos se fondait dans le gris sombre de la falaise. Mais aux jumelles, le spectacle devint époustouflant : des myriades d'oiseaux serrés les uns contre les autres sur des corniches très étroites d'où ils décollent en rafale et reviennent avec la nourriture au bec pour le petit affamé. Nous étions là en ce début du mois d'août, à cet instant critique de la vie des petits guillemots. À l'âge de vingt jours, alors que son plumage n'est pas encore garni et qu'il ne sait pas encore voler, le poussin est aspiré par un irrésistible appel du large. Le moment est venu de prendre l'envol. Déployer ses ailes pour la première fois, amorcer les premiers battements et sauter dans le vide. Exploit fascinant que ce vertigineux plongeon baptismal d'une centaine de mètres. Une fois à l'eau, le père nage avec le poussin, prenant en charge son alimentation, des poissons et des petits crustacés. Il l'accompagnera pendant encore deux mois, le temps que sa progéniture s'émancipe, acquière son autonomie et s'envole pour mener sa vie.

« DES MYRIADES D'OISEAUX SERRÉS LES UNS CONTRE LES AUTRES SUR DES CORNICHES TRÈS ÉTROITES. »

Le renard arctique attend les oisillons qui chutent de la falaise.

Les moins chanceux n'atteindront pas l'eau et atterriront dans les herbes et les pierres au pied de la falaise. C'est là que le renard arctique patrouille, non loin de son terrier familial dont il a judicieusement choisi l'emplacement. Ce malicieux carnivore va faire ses réserves pour l'hiver. Pas facile de repérer ce véritable caméléon dont le pelage saisonnier se confond avec le milieu. Gris-brun en été, le renard arctique se couvre d'une fourrure blanche en hiver qui le protège du froid et le rend totalement transparent à la vue de l'ours, son principal prédateur.

Mais non loin de cette population perchée, un redoutable prédateur fait son nid à proximité de la falaise, le bien nommé goéland bourgmestre. Maître des lieux, comme son nom l'indique, ce puissant goéland de grande taille s'attaque avec avidité aux œufs et aux poussins. Le couple est monogame ; les deux parents participent à l'édification du nid, à la couvaison de trois ou quatre œufs qui dure environ trois semaines, et ils nourrissent leurs oisillons pendant plus d'un mois jusqu'à l'envol.

Fort heureusement, le goéland bourgmestre va aussi chercher sa nourriture en mer, friand de poissons et autres créatures marines.

À proximité de *Persévérance*, de magnifiques macareux moines au bec rouge et jaune appelés de fait « perroquets des mers » vinrent picorer à la surface de l'eau. D'un vol battu et rapide, ils rejoignirent le nid, emportant dans leur bec coloré des petits poissons à déguster. Ils vivent ici en petites colonies, nichant à l'abri des prédateurs dans des terriers creusés dans les fissures du sol et les interstices entre les rochers.

En ces lieux magiques, nous assistions au concert du réseau trophique, des duos entre proies et prédateurs dans une nature en liberté où toutes les espèces ont la vie et la mort en dépendance.

Page 138 : le macareux moine vit en mer. Après son envol initial, il ne reviendra à terre qu'à l'âge de 5 ans, à la maturité sexuelle.

LE CRI DU KRILL

Le krill est un crustacé semblable à une crevette de 4 à 7 centimètres de long. Il voyage en essaims géants de milliards d'individus dans les eaux froides de l'océan Austral. Par sa prolifération, son abondance, il est la nourriture la plus importante du réseau alimentaire de toutes les espèces de l'océan Austral : cachalots, phoques, éléphants de mer, otaries, manchots et oiseaux de mer. Même les deux puissants prédateurs, l'orque et le léopard de mer, s'en nourrissent. Mais les plus gros consommateurs sont les baleines à fanons : le rorqual commun, la jubarte et la baleine bleue. Pour capter ces petits crustacés, elles traversent la gueule ouverte les bancs géants et très denses de krill, engloutissant de grandes quantités d'eau qu'elles évacuent par la poussée de leur langue et la contraction de leur poche ventrale. Le krill, piégé à la sortie dans les fanons, avec quelques petits poissons et calmars, constitue la principale nourriture dont les baleines se régalent sans modération. Le plus gros consommateur en est la baleine bleue, le plus gros mammifère du monde, qui pèse près de 100 tonnes en moyenne et qui absorbe jusqu'à 4 tonnes par jour de ces petits crustacés ! Comme si la nature s'était mise au service de sa masse corpulente, les essaims de krill s'étendent sur plus de 400 kilomètres carrés et concentrent jusqu'à 2 millions de tonnes d'individus.

Alerte à la surpêche ! C'est dans ces bancs géants que les navires tirent le chalut, et l'intérêt économique pour le krill est grandissant. Une large part est broyée et transformée en farine animale, un aliment de choix, très recherché pour la pisciculture des poissons haut de gamme comme le saumon, la Norvège en étant le plus gros importateur. Une autre part grandissante de la ressource est utilisée en santé humaine, car l'huile de krill est très riche en oméga 3, des acides gras polyinsaturés dits essentiels dont l'organisme humain a besoin mais dont il ne sait pas faire la synthèse. Les navires modernes, norvégiens et chinois, sont maintenant équipés de puissantes turbines pour aspirer le krill, qui est transformé sur place dans leurs usines embarquées.

Mais qui veille sur cette pêche dans cet immense océan au bout du monde ? La Commission pour la conservation de la faune et la flore marines de l'Antarctique (CCAMLR) a été créée en 1982 ; elle définit chaque année des quotas de pêche durable, le *green weight*, pour une gestion durable du krill. Elle est aussi en charge des aires marines protégées (AMP) autour de l'Antarctique dont l'instauration est de plus en plus prégnante et attendue. Face à une demande croissante de ce « poisson fourrage », la plus grande vigilance s'impose dans la gestion de cette population de crustacés. Avec le krill, on ne parle pas seulement du danger de disparition d'une espèce, mais de la mise en péril de tout un écosystème, baleines, phoques, manchots, oiseaux de mer et calmars étant condamnés à la famine.

RANCE
POLARPOD

INNOVATION

OBJECTIF *POLAR POD*

Polar POD est un navire vertical destiné à explorer les cinquantièmes hurlants, cet immense océan qui entoure l'Antarctique encore mal connu – « *the major data gap of the global ocean* », comme disent les Anglo-Saxons.

POLARPOD

UN NAVIRE VERTICAL POUR LES CINQUANTIÈMES HURLANTS

Ma nature entrepreneuriale a toujours eu besoin de projets à long terme, de travaux d'Hercule, et *Polar POD* se présentait comme ma prochaine cathédrale. Au sud de l'hémisphère Sud, l'océan Austral, qui entoure l'Antarctique, est un océan sans frontière continentale. Il réunit les eaux de l'Atlantique, de l'Indien et du Pacifique. Isolé du monde, loin des routes maritimes, il est très peu fréquenté. Les campagnes océanographiques sont rares et ne se font qu'en été. Malgré des flotteurs sous-marins autonomes Argo, les satellites et les animaux équipés de capteurs, cet immense océan est encore mal connu. La communauté scientifique est unanime, elle a besoin de mesures *in situ* de longue durée. Mais la question sous-jacente était : comment séjourner toute l'année dans de bonnes conditions de sécurité et de confort sur cet océan de tempêtes, que les marins ont baptisé « les cinquantièmes hurlants » ? Il y avait là matière à inventer une nouvelle forme de vaisseau. Je me lançai dans ce défi technologique passionnant.

Le courant circumpolaire

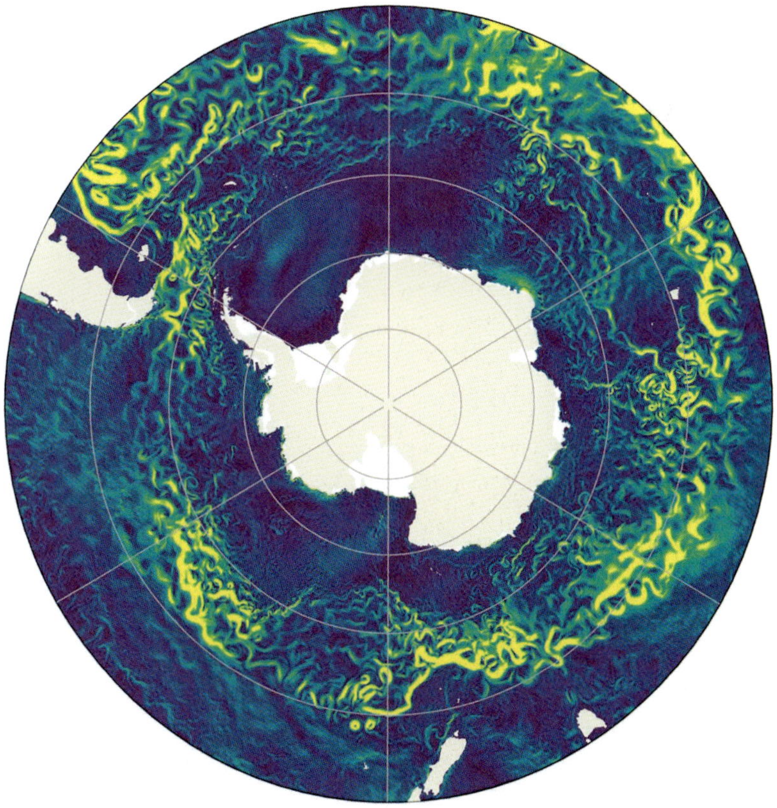

LE *FLIP* AMÉRICAIN

Je soumis l'idée à Laurent Mermier, du cabinet d'architecture navale Ship-ST. Le principe était d'échapper à l'impact des vagues, à l'agitation de surface ; il fallait pour cela aller chercher la stabilité dans la profondeur. Un flotteur vertical avec un fort tirant d'eau serait très adapté. Dans mes recherches, je découvris le *FLIP* américain (*floating instrument platform*), un flotteur cylindrique de 90 mètres de hauteur et 6 mètres de diamètre, surmonté d'une nacelle habitable pour les marins et les scientifiques. Tracté en mer à l'horizontale, une fois arrivé sur la zone d'étude, il est basculé à la verticale par ballastage. Cette plateforme flottante historique avait été construite par l'US Navy en 1962 pour l'écoute des sous-marins dans le Pacifique pendant la guerre froide et, après son usage militaire, elle a été utilisée par le Scripps, l'institut océanographique de San Diego en Californie. C'est sur le principe du *FLIP* que *Polar POD* a été conçu.

J'allai à l'aveugle frapper à la porte du Scripps, demandant à quelle personne je pourrais m'adresser pour obtenir des informations sur le *FLIP*. La semaine suivante, j'eus un rendez-vous avec Will Gaine, capitaine de l'US Navy à la retraite, qui avait piloté le *FLIP*. Je lui fis part du projet de construction d'une plateforme océanographique sur le modèle du *FLIP*, destinée à l'exploration de l'océan Austral. Il était enthousiaste et séduit par cette idée. Il me proposa de rencontrer Luc Lenain, l'ingénieur en charge des programmes scientifiques du *FLIP*. Ce dernier était d'origine française, ce qui facilitait les liens et les discussions. Il avait fait de nombreuses campagnes et connaissait bien le *FLIP*.

Si l'idée a pu être évoquée de prendre ce navire pour cette future mission, il s'avéra qu'il n'était pas adapté aux cinquantièmes hurlants, à commencer par son âge, plus de soixante ans. De plus, les tuyaux de ballastage pour le faire basculer à la verticale et retour étaient installés à l'extérieur, ce qui les exposait à des collisions avec des growlers, les blocs de glace issus de la désintégration des icebergs. Autre point important, la fréquence de pilonnement (les mouvements verticaux en mer) du *FLIP* était de vingt à vingt-cinq secondes, proche de celle de la houle de l'océan Austral : il pourrait donc entrer en résonance. Ces mouvements verticaux incessants à chaque passage de houle le rendraient très inconfortable et seraient de plus difficiles à enrayer pour ce flotteur de 1 800 tonnes en charges. Luc Lenain était de bon conseil, convaincu par le potentiel et la contribution scientifique que *Polar POD* allait apporter à la connaissance de l'océan Austral.

LES TESTS EN BASSINS

Pour affronter tout au long de l'année la puissance des cinquantièmes hurlants, ce « navire vertical » doit être stable dans la grosse mer et autonome en énergie. Laurent Mermier et Antoine Tourtelier, les ingénieurs du cabinet d'architecture navale, ont fait preuve d'inventivité. Pour étudier son comportement et les contraintes que subira la plateforme durant les trois années de circumnavigation autour du continent antarctique, nous avons conçu une maquette très technique à l'échelle 1/40 qui a été testée dans plusieurs bassins océaniques.

À l'École centrale de Nantes, le Laboratoire de recherche en hydrodynamique, énergétique et environnement atmosphérique (LHEEA) sait générer en quelques minutes les plus fortes houles, identiques à celles que le *Polar POD* devra affronter dans les cinquantièmes hurlants. Reliée à des postes de pilotage informatiques, les chercheurs ont testé la capacité de *Polar POD* à résister à de fortes houles. La modélisation des efforts hydrodynamiques endurés par *Polar POD* a aussi été réalisée dans le bassin de génie océanique de l'Ifremer, Centre de Bretagne. Dans les cinquantièmes hurlants, la hauteur des vagues se situe fréquemment entre 4 et 8 mètres, toutefois des vagues extrêmes pourraient être rencontrées par *Polar POD* ; en mai 2018, une bouée de mesures océanographiques a enregistré à 700 kilomètres au sud de la Nouvelle-Zélande une vague de 23,8 mètres de hauteur, ce qui correspond à un immeuble de sept étages ! Des vagues isolées de forte amplitude, proches de 30 mètres de crête à creux, ont été simulées. La partie inférieure de la nacelle a été impactée sans violence apparente. Le flotteur ne s'est pas couché de manière inquiétante. De plus, *Polar POD* n'a pas présenté de comportement instable dans ces situations.

Polar POD doit être habitable, quel que soit l'état de la mer par un équipage de trois marins et quatre ingénieurs océanographes qui doivent être en mesure de supporter les mouvements dans la nacelle tout en s'adonnant aux activités prévues par le programme scientifique de la mission. La période de pilonnement, c'est-à-dire la fréquence des mouvements verticaux, est de soixante secondes, loin de celle de la période usuelle de la houle. Dans la zone de navigation de *Polar POD*, la période de la houle peut varier entre cinq et vingt-cinq secondes, avec une majorité de situations autour de huit à quinze secondes. Cet éloignement des périodes permet au *Polar POD* de ne pas entrer en résonance avec la houle.

Autre facteur vérifié, les accélérations mesurées dans la nacelle, la partie habitable perchée entre 10 et 25 mètres au-dessus de la flottaison ; elles sont compatibles avec les exigences du confort de vie à bord.

POLAR POD, UN VAISSEAU HORS NORME

Il s'agit bien sûr d'une construction navale très innovante. Cette inconnue fait parfois émerger des normes hors norme. Par exemple, être en mesure d'affronter la vague cinquantennale, c'est-à-dire la plus grosse vague observée sur une période de cinquante ans, un « monstre » de 38 mètres de creux à crête, un immeuble de douze étages qui vous arrive dessus toutes les dix-huit secondes, suite à un ouragan de trois heures. Le cabinet d'architecture navale a étudié l'impact de la vague de submersion, celle censée passer au-dessus de la nacelle habitable, d'une hauteur de 25 mètres. Dans ce cas extrême, entraîné par la vague, *Polar POD* se couchera et se redressera, tel un culbuto – ceci a fait l'objet d'études très poussées. Il faut intégrer que ce ne sera pas une vague isolée qui jaillira de l'eau, elle arrivera au cours d'une forte tempête à laquelle nous serons préparés. Dans les recherches en quête du pire, un expert souleva le fait qu'au creux de la vague cinquantennale de 38 mètres on pourrait se trouver à l'abri du vent et il n'est pas dit que *Polar POD* s'oriente dos à la vague et au vent comme

à son habitude de progression. Laurent Mermier en a conclu qu'il fallait rehausser le niveau de la nacelle et pour cela allonger le flotteur. *Polar POD* pourrait mesurer 110 mètres de haut. Plus de poids, de nouveaux calculs de stabilité, de matière, de travail et des coûts supplémentaires. Pour cette navigation à la vitesse du courant, loin des côtes de l'océan Austral, sans moteur de propulsion ni groupe électrogène en route, le suivi technique sera limité et un équipage de trois marins polyvalents est suffisant, d'autant qu'ils seront accompagnés par quatre ingénieurs océanographiques. Malgré tout, au cours d'une réunion d'analyses de risque, un représentant syndical des marins me mit face à une situation critique : imaginons qu'un des trois marins tombe à l'eau. Un autre descendra avec l'annexe pour le chercher et il ne restera donc qu'un seul marin à bord. Que se passera-t-il si un incendie se déclenche dans la cabine ? Aucune des personnes qualifiées autour de la table n'avait imaginé une telle succession de catastrophes, cependant tout le monde acquiesça en silence. Sans moteur thermique en route, ni cuisinière à gaz, il ne pourrait s'agir que d'un incendie électrique ; si tel est le cas, ça sent fort quand les gaines des câbles brûlent. L'habitacle de *Polar POD* est petit, il sera vite localisé et nous sommes équipés d'extincteurs, donc l'incendie devrait être rapidement et facilement maîtrisé. Il a ainsi été convenu que tous les embarquants sur *Polar POD* feraient un stage d'assaut du feu. Le hors norme se situe au-delà de la frontière où vous accompagne l'expert, un terrain de compromis entre l'inflexibilité des textes et le bon sens, fruit de l'expérience.

Hors norme aussi est le financement, un partenariat public-privé pour cette mission digne de Jules Verne. *Polar POD* est considéré comme un équipement d'excellence, un équipex, et bénéficie d'un financement du Secrétariat général pour l'investissement (SGPI) pour la construction. Ifremer a été désigné maître d'ouvrage. Il m'incombe de réunir les fonds auprès d'entreprises et de mécènes pour financer l'expédition. Un travail de recherche aussi ingrat que de faire du stop – quand on patiente sur le bord de la route, convaincu d'être quelqu'un de bien, mais que très peu de voitures s'arrêtent. Heureusement, de nombreux partenaires ont prêté une oreille attentive et se sont engagés à nos côtés pour cette exploration audacieuse à vocation scientifique et pédagogique sur des questions environnementales majeures : le climat, la biodiversité marine et l'impact anthropique sur l'océan mondial.

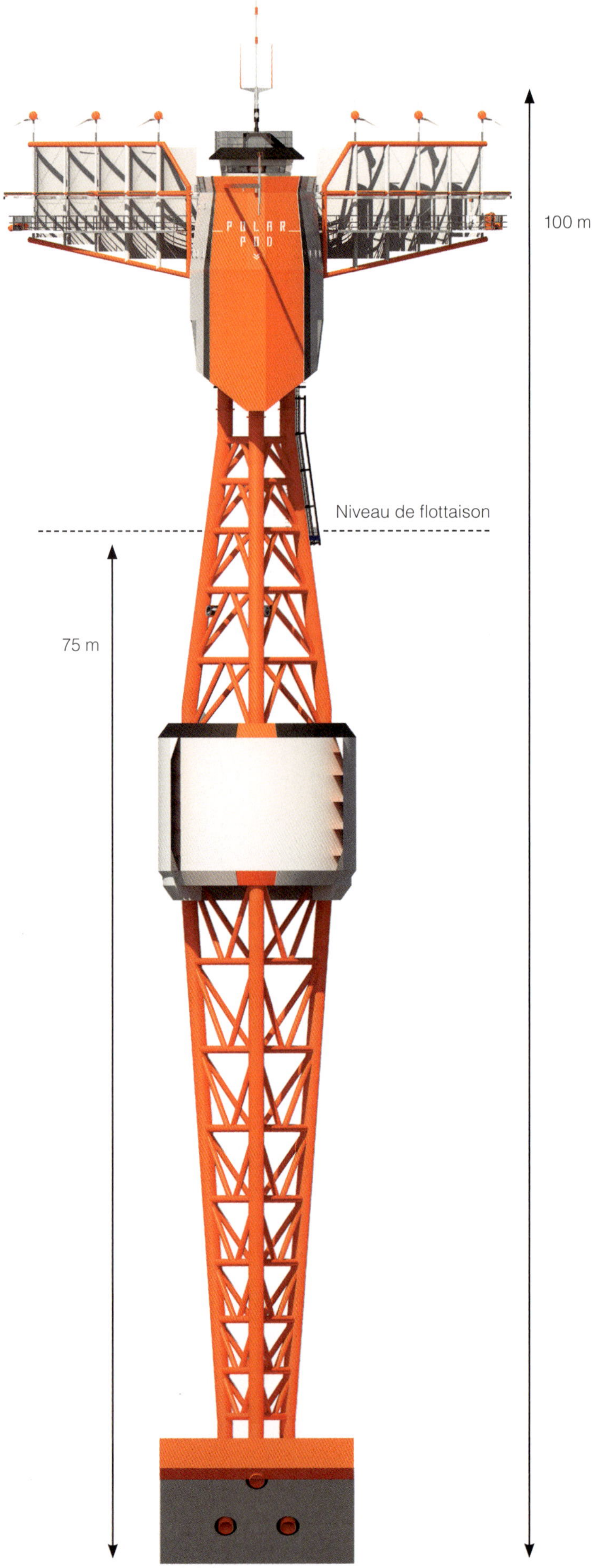

« L'HORS-NORME SE SITUE AU-DELÀ DE LA FRONTIÈRE OÙ VOUS ACCOMPAGNE L'EXPERT. »

POLARPOD

CONDITIONS MÉTÉOROLOGIQUES

Entraîné par le courant circumpolaire antarctique, *Polar POD* dérivera entre 50° et 55° de latitude sud que les marins ont baptisé « les cinquantièmes hurlants ». Cet immense océan est sous l'impact de fortes dépressions atmosphériques qui génèrent de forts vents d'ouest soutenus pendant de longues périodes. Il en résulte une houle puissante, avec des vagues de grande hauteur et une mer parfois très difficile quand plusieurs trains de houles de directions et de hauteurs différentes se superposent.

Cette carte du vent a été réalisée à partir de données satellitaires le 8 mai 2022, c'est-à-dire au printemps. On voit qu'entre 50° et 60° de latitude sud, il y a une abondance de vents forts, entre 60 et 90 kilomètres à l'heure, soit force 7 à 9 sur l'échelle de Beaufort. Ces vents effectuent des mouvements de rotation, ce qui a pour conséquence de générer des houles d'orientations différentes qui peuvent donner naissance à des mers « croisées » particulièrement chaotiques.

Carte satellitaire des vents
de l'océan Austral.

ICEBERG EN VUE

Un iceberg est le principal obstacle que l'on peut rencontrer pendant la dérive autour de l'Antarctique. Les informations sur sa localisation nous seront données par CLS (Collecte localisation satellites), une entreprise française filiale du Centre national d'études spatiales. Cette société est spécialisée dans la fourniture de solutions d'observation et de surveillance de la Terre depuis 1986. C'est CLS qui alerte les coureurs du Vendée Globe sur la présence des icebergs. Concernant *Polar POD*, progressant à la vitesse du courant circumpolaire, entre 2 et 4 kilomètres, nous pourrons lentement infléchir notre trajectoire par le déploiement asymétrique de voiles, sur l'une ou l'autre des ailes latérales.

« LE PRINCIPAL OBSTACLE QUE L'ON PEUT RENCONTRER PENDANT LA DÉRIVE AUTOUR DE L'ANTARCTIQUE. »

LANCEMENT DE *POLAR POD* DANS L'OCÉAN AUSTRAL

La nacelle de *Polar POD* sera construite par le chantier naval Piriou à Concarneau et le flotteur, par l'entreprise française 3C Metal en Afrique du Sud.

Ayant 75 mètres de tirant d'eau, l'assemblage de *Polar POD* se fera à l'horizontale dans le port du Cap en Afrique du Sud. Il sera tracté à l'horizontale jusqu'au courant circumpolaire antarctique, à 40° de latitude sud.

POLARPODIBUS

Susciter la curiosité, donner envie, une passion pédagogique ancienne, née certainement de mon parcours personnel, souvent autodidacte. Je suis passé par une formation de tourneur-fraiseur qui m'a ancré dans le réel, m'a fait prendre confiance, avant de revenir dans la filière du bac et de faire médecine. Pour toutes ces raisons, j'ai plaisir à intervenir dans les classes, voire dans les grandes écoles, à allumer dans l'esprit des enfants et de la jeunesse le goût d'apprendre, de suivre ses inspirations, de croire en ses ambitions, même si le chemin est difficile. Chaque connaissance acquise peut devenir le commencement d'un chemin de vie.

Le PolarPODibus est un camion qui assure une médiation scientifique itinérante en France autour de l'expédition *Polar POD* et ses métiers, une sorte d'ambassadeur de notre projet. Il est un levier pour le renforcement de l'enseignement des sciences et des technologies ainsi que pour la sensibilisation au développement durable dans l'ensemble des classes. Par son contenu, sa volonté de toucher tous les types d'enseignement et tous les territoires, il est une ode à la science pour tous, à l'égalité des chances et à l'engagement pour l'environnement. Sa tournée dans les différentes académies, qui a débuté à la saison scolaire 2023/2024, est pilotée par l'Éducation nationale. Depuis janvier 2025, le PolarPODibus est officiellement labellisé « La Mer en commun », preuve de notre engagement et de son rôle quant à la sensibilisation des plus jeunes aux océans et à leur importance dans les enjeux climatiques.

POLARPO
accenture
cegid

TIPOD

Le TiPOD est un projet parallèle à *Polar POD* ; il s'agit d'une bouée océanographique dérivante qui sera mise à l'eau dans le courant circumpolaire antarctique par *Persévérance* lors de sa prochaine campagne en Antarctique. Il s'agit d'une construction amateur réalisée dans le cadre d'un projet pédagogique piloté par les enseignants de BTS du lycée professionnel Louis-Rascol d'Albi. L'objectif est d'impliquer les élèves de toutes les spécialités dans les réflexions sur la structure, les équipements, l'énergie, la transmission des données, l'exploitation pédagogique sur un site dédié.

Le BTS CPI a œuvré pour la conception et le dimensionnement de la structure afin d'assurer sa flottaison, sa stabilité verticale et sa résistance aux conditions de mer extrêmes. Le BTS CIEL ER a conçu les cartes électroniques de mesures – vent, houle, luminosité, position GPS, alimentation en énergie solaire et transmission des données par satellite. Le BTS CIEL IR a travaillé sur la récupération des données satellitaires, la conception d'un site web pour visualiser les mesures (graphes) et les supports associés (cartes, photos…). TiPOD est équipé d'instruments de mesures de surface : photomètre pour le rayonnement solaire, un anémomètre sonique pour la vitesse du vent, la température de l'air et de l'eau de surface, un accéléromètre pour la mesure des vagues, une caméra GoPro en mode *time lapse*, un émetteur pour envoyer les données sur le satellite Iridium avec le soutien technique de CLS.

TiPOD est autonome en énergie grâce à six panneaux photovoltaïques. La structure générale a été fabriquée avec le soutien de Mobilis qui est une entreprise française de renommée internationale dans la construction de bouées océanographiques. Des essais très concluants de mise à la mer avec *Persévérance* et un suivi de dérive en Méditerranée pendant quarante-huit heures ont été effectués depuis le port de Sète. La prochaine étape est la mise de la bouée dans le courant circumpolaire lors de la prochaine expédition de *Persévérance* en Antarctique.

« LE TIPOD EST UNE BOUÉE OCÉANOGRAPHIQUE DÉRIVANTE QUI SERA MISE À L'EAU DANS LE COURANT CIRCUMPOLAIRE ANTARCTIQUE. »

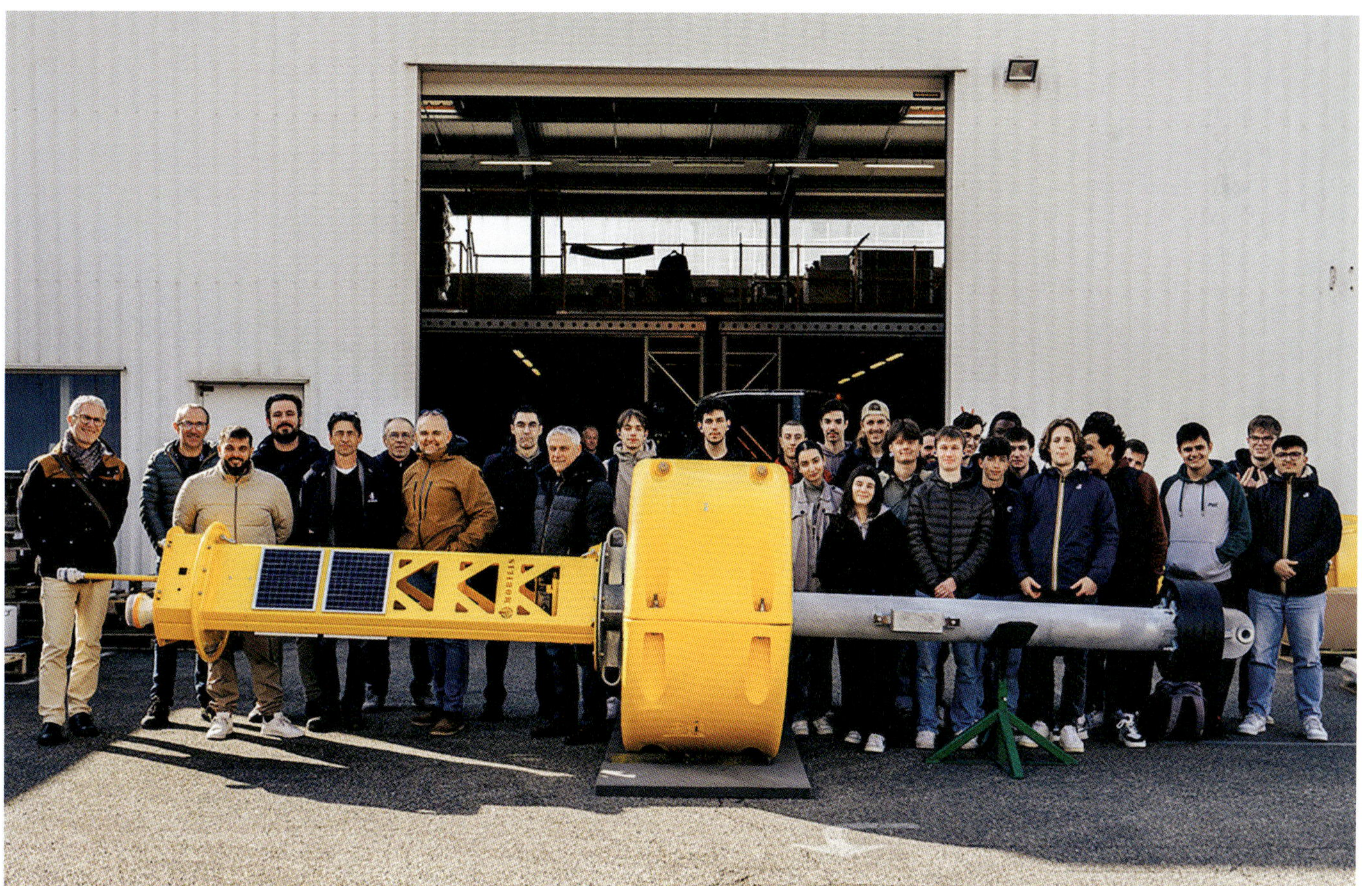

Le choix de la route qui n'existe pas

Du haut de mon âge, aussi loin que je puisse explorer le temps passé, je me suis finalement toujours accordé la liberté d'organiser ma vie comme je l'entendais. Tourneur-fraiseur, médecin, chirurgien, assistant d'université, j'ai tout aimé, mais rien n'était plus fort que la résurgence des « expéditions » que je m'inventais dans la campagne du Tarn, l'ascension de sommets imaginaires. La médecine m'a mis le pied à l'étrier de mes premières grandes aventures. J'acquis l'expérience des conditions extrêmes, et ainsi le pôle Nord en solitaire s'est imposé comme une évidence, un « monument personnel » pour clôturer ces années d'aventures. Je m'y suis engagé sans retenue, soixante-trois jours à tirer mon traîneau sur une banquise chaotique, souvent aux limites de la survie. Je décidai à un moment précis, ce 11 mai 1986 à 2 heures du matin, que je venais d'atteindre l'axe de rotation de la Terre. Il n'y a rien au pôle Nord, aucune signalétique dans ce désert de glace à la dérive. Ainsi, soulagé du fardeau de ce défi que je m'étais inventé, dans cet instant éphémère d'apesanteur du monde, je décidai de mon futur métier : entrepreneur d'expéditions polaires.

Dans le garage de mes pensées, il y a toujours eu des constructions en cours : *Antarctica*, *Polar Observer*, puis le ballon rozière et aujourd'hui c'est *Polar POD* et *Persévérance*, pour l'exploration de l'océan Austral. *Persévérance* est à flot et a déjà parcouru deux fois le tour du monde. Combien de personnes – d'adultes, d'enfants, d'élèves – sont déjà montées à bord, intriguées par le nom de ce bateau, *Persévérance*, dont elles se sont peut-être fait une devise ? À l'aune de mon chemin, je les encourage à oser engager leur imagination au-delà des certitudes. S'écouter et donner corps à ses envies, ce bien précieux que l'on porte en soi, son capital intérieur, un chemin de créativité vers sa réalisation personnelle, à l'exigeante condition d'y consacrer du temps, du travail et, bien sûr, de la persévérance.

PERSEVERANCE
crewsaver
CREWFIT 165 SPORT

PERSEVERANCE
POLARPOD

REMERCIEMENTS

À Elsa Pény-Etienne, je veux dire ici toute ma gratitude. Depuis vingt-cinq ans, elle est de toutes les expéditions, à la barre des préparatifs, des décisions, des mille détails invisibles mais essentiels. Sa vision, son intelligence vive, sa finesse d'analyse et sa capacité à garder le cap en toutes circonstances ont été, pour moi, des repères constants. Nous partageons cette obstination face aux vents contraires, ce goût de mener les projets jusqu'au bout, même quand la mer se fait houleuse. Et surtout, elle fait — avec une rare rigueur et une humanité profonde — tout ce que je ne sais pas ou n'aime pas faire. Le *Persévérance*, ce bateau si justement nommé, n'aurait jamais vu le jour sans elle. Il porte en lui son travail acharné et son engagement indéfectible. Merci, Elsa. Pour tout.

Je remercie également les entreprises partenaires engagées à nos côtés dans le projet *Polar POD* : Macif, Mersen, EDF, Fondation Total, Cegid, Hublot, Accenture, TCL ; ainsi que les mécènes : Spie Batignolles, Vatopedie, Fondation JC Decaux, Taittinger, Amiral Gestion, Capitole Finance, CCR, Citéo, Domorrow, Invivo, Phytocontrol, Rothschild & Co, Asset Management Europe, SNEF, Telma, Fonds de dotation Teréga, Tikehau Capital, Vulcain, TransAlliance, SNEF, Astre, Atlantic, Banque Populaire Occitane, Eiffage, Esme, R-Green Invest, Evolem, Lagardère Travel Retail, Mers Australes, Ville de Poissy.

Je tiens à remercier l'équipage, qui a suivi la construction de *Persévérance* au Vietnam et les deux années de période de neuvage en mer, cette période décisive de test et de mise au point de tous les apparaux.

À Marion Fourquez et Hervé Le Goff, les deux scientifiques qui ont contribué à l'installation, au calibrage et au suivi des équipements scientifiques sur *Persévérance*, je leur exprime ma profonde reconnaissance pour leur travail acharné.

Et pour terminer, je remercie mes deux anciens compagnons de route, deux bricoleurs professionnels de génie, Gérard Gérin, dit Gégé, soudeur, mécanicien et Denis Conte, menuisier et plus encore. Ils ont un potentiel polyvalent, et toujours cette réponse qui soulage quand je les interroge : « t'inquiète, on se débrouille ».

Merci à vous tous de rendre les projets comme *Persévérance* et *Polar POD* bien plus que des rêves mais des succès porteurs d'espoir pour une meilleure connaissance des océans.

Jean-Louis Étienne

À mon ami Jean-Louis, je veux dire toute ma joie de travailler avec lui depuis déjà 30 ans. À la découverte des pôles, sa compagnie m'a permis de photographier les lieux les plus beaux, rares et vierges. Merci.

À mon petit-fils Jules Errard, qui a embarqué avec moi à bord de *Persévérance*, en expédition jusqu'au Spitzberg.

Merci à Michel Lafon, de nous avoir permis de réaliser ce livre qui traduit parfaitement les enjeux climatiques des pôles, ainsi qu'à toute l'équipe éditoriale, Marie Dreyfuss, Emilien Castaing, Christian Toanen et Pierre Perry.

Francis Latreille

CRÉDITS PHOTOGRAPHIQUES

Toutes les photographies de cet ouvrage sont de © Francis Latreille, sauf :

Pages 15, 16, 17, 20, 21, 22, 28, 33, 35, 39 (haut), 40, 41, 58, 72 (bas), 73 : collection privée de Jean-Louis Étienne.

Pages 70, 144, 146, 152, 154, 155, 156, 159, 160 : images de synthèse de Polar POD de © Nicolas Gagnon.

Page 67, 72 (haut), 76 : © Elsa Pény-Étienne.

Page 137 : © Jules Errard.

Pages 40, 138, 140 (krill), 140 (banc de krill) : © Shutterstock.

Pages 122 (Dôme C), 122 (bloc de carotte de glace) : © Wikimedia Commons.

Pages 110 (bas), 114, 148 (FLIP 1), 148 (FLIP 2), 149 (FLIP 3), 150 (maquette) : DR.

Page 14 (Bel Espoir) : © MED25.

Page 44 (fracture banquise) © STRINGER / BRITISH ANTARCTIC SURVEY / AFP.

Page 87 (microscope plancton) : © Istock.

Page 122 (carotte de glace) : © CNRS Photothèque © SAVARINO.

Page 122 (graphique) : ©EPICA Dôme C et Law.

Page 147 (carte courant circumpolaire) : © Dr Taimoor Sohail.

Page 148 (schéma FLIP) : © eyewash

Page 151 (bassin à vagues) : © Ifremer, © Dugornay

Page 151 (maquette) : © Jacky Vignon

Page 157 (carte des vents) : © earth.nullschool.net

Direction générale
ELSA LAFON

Direction éditoriale
MARIE DREYFUSS

Suivi éditorial
PIERRE PERRY

Conception graphique et mise en page
EMILIEN CASTAING

Relecture et corrections
CLARA FÉQUANT & NATHALIE REYSS

Fabrication
CHRISTIAN TOANEN & NIKOLA SAVIC

Commercial
BARBARA PILLEY

Marketing
FRÉDÉRIC GUYOMARD

Presse
MÉLANIE ROUSSET

Photogravure
LES CAMÉLÉONS

ACHEVÉ D'IMPRIMER EN FRANCE PAR PPO
DÉPÔT LÉGAL : SEPTEMBRE 2025
ISBN : 978-2-7499-6232-0
LAF : 3628